钳 工 技 能

主 编 周宇明

重庆大学出版社

内容提要

本书参照国家初级工、中级工、高级工、技师和高级技师的职业标准，从钳工的基础知识入手，包括钳工入门、划线、钳工基本技能、钳工技能专项训练和钳工技能综合训练五个课题。介绍了钳工概述，划线工具，划线的基本方法；结合39个项目实例详细阐述了錾削、锯削、锉削、孔加工以及攻丝与套扣的技能操作。

本书内容实用，通俗易懂，图文并茂，知识面较宽，起点较低，尤其注意理论联系实际，并比较全面系统地阐述了钳工的工艺和操作技能。因此本书既可作为高职高专学生的教材，也可以作为初学钳工的技术工人入门的必备读物。

图书在版编目(CIP)数据

钳工技能/周宇明主编. —重庆:重庆大学出版社,2016.8(2024.1重印)

ISBN 978-7-5624-9806-3

Ⅰ.①钳…　Ⅱ.①周…　Ⅲ.①钳工—高等职业教育—教材　Ⅳ.①TG9

中国版本图书馆 CIP 数据核字(2016)第 115108 号

钳 工 技 能

主　编　周宇明

策划编辑:周　立

责任编辑:李定群　　版式设计:周　立
责任校对:关德强　　责任印制:张　策

*

重庆大学出版社出版发行

出版人:陈晓阳

社址:重庆市沙坪坝区大学城西路 21 号

邮编:401331

电话:(023) 88617190　88617185(中小学)

传真:(023) 88617186　88617166

网址:http://www.cqup.com.cn

邮箱:fxk@ cqup.com.cn（营销中心）

全国新华书店经销

POD:重庆新生代彩印技术有限公司

*

开本:787mm×1092mm　1/16　印张:11　字数:254千

2016 年 8 月第 1 版　　2024 年 1 月第 5 次印刷

ISBN 978-7-5624-9806-3　定价:39.00 元

前言

为了贯彻落实"国务院关于大力推进职业教育改革与发展的决定",大力推进高等职业技术教育经济结构调整,实现专业与产业对接、课程内容与职业标准对接、教学过程与生产过程对接、学历证书与职业资格证书对接、职业教育与终身学习对接。在充分调研和企业实践的基础上,编写了本教材。

本书参照了国家初级工、中级工、高级工、技师和高级技师的职业标准,根据技术工人理论够用为准的原则,强化应用,突出实践技能操作。本书按照课题项目设计,共有五个课题:其中钳工入门、划线、钳工基本技能三个课题侧重于钳工理论的阐述,介绍了钳工概述,划线工具,划线的基本方法,作为钳工专业基础知识的普及;钳工技能专项训练和钳工技能综合训练两个课题以技能操作为主,钳工技能专项训练课题共设计了26个专项项目,涵盖了錾削、锯削、锉削、孔加工以及攻丝与套扣的技能操作,钳工技能综合训练共设计了13个综合项目,以典型零件为载体,集中体现了钳工操作的工艺以及各种技能的综合运用。

本书可以作为高等职业院校专科学校和成人教育学院装备制造类相关专业的教科书或参考书,也可以作为相关制造业企业职工的参考资料和培训教材。

本书由辽宁机电职业技术学院周宇明主编,辽宁机电职业技术学院张双也参与了编写工作。沈阳职业技术学院赵世友教授主审。在本书编写过程中得到了各兄弟院校及辽宁丹东企业界朋友的大力支持和帮助,并提出了许多宝贵意见,在此一并致以衷心感谢。

由于编者水平有限,错误和不妥之处在所难免,敬请各位读者批评指正。

编　者
2016 年 3 月

目录

第1部分　基础知识

第2部分　技能训练

第 1 部分
基础知识

课题 **1**

钳工入门

第一节　钳工概述

一、钳工职业能力的培养

钳工是切削加工、机械装配和修理作业中的手工作业,是机械制造业中的重要工种。钳工作业主要包括划线、锉削、錾削、钻孔、扩孔、锪孔、铰孔、攻螺纹、套螺纹、刮削、研磨、矫正、弯曲和铆接等。

钳工操作是机械制造业中最古老的加工技术之一。各种金属切削机床的发展和普及,虽然逐步使大部分钳工作业实现了机械化和自动化,但在机械制造过程中钳工操作仍是广泛应用的基本技术。其原因一是划线、刮削、研磨机械装配等钳工作业,至今尚无适当的机械化设备可以全部代替;二是某些精密的样板、模具、量具和配合表面(如特殊导轨面和特殊轴瓦等),仍需要依靠工人的手艺做精密加工;三是在单件、小批量生产、修配工作或缺乏设备的条件下,采用钳工制造某些零件仍是一种经济适用的方法。

钳工技能不是简单的经验积累,钳工的工作对象不限于一般的重复性工作。钳工技能的本质在于人体器官能力的适当延伸,包括体力的直接延伸和脑力的恰当延伸。钳工能力体现在能够合理地运用现有的工具完成某一项作业,能够为某一项作业制造适用的手动工具,能够实施新的手工作业或对现行手工作业进行优化,以提高工效和作业质量。因此,钳工的劳动不是简单的手工劳动,钳工的能力不乏创造意义。对于从事或准备从事钳工职业的人员,应具备最基本的职业能力,并经过培训学习和职业技能鉴定考核获得职业资格。

二、钳工基本操作内容

钳工的工作范围广,一般以手工为主,具有设备简单、操作方便、适用面广的特点,但生产效率低,劳动强度大,适合于单件与小批量制作或装配与维修作业。普通钳工技能包括:划线、錾削、锉削、锯削、钻孔、扩孔、锪孔、攻螺纹、套螺纹、刮削和研磨等。钳工基本操作内容见表 1.1。

表 1.1　钳工基本操作

序　号	操作内容	操作演示	简　介
1	划线		根据图样的尺寸要求,用划线工具在毛坯或半成品上划出待加工部位的轮廓线(或称加工界线)的一种操作方法
2	錾削		用锤子打击錾子对金属进行切削加工的操作方法
3	锯削		利用锯条锯断金属材料(或工件)或在工件上进行切槽的操作
4	锉削		用锉刀对工件表面进行切削加工,使它达到零件图样要求的形状、尺寸和表面粗糙度的加工方法

续表

序　号	操作内容	操作演示	简　介
5	钻孔 扩孔 锪孔		用钻头在实体材料上加工孔叫做钻孔。用扩孔工具扩大已加工出的孔称为扩孔。用锪钻在孔口表面锪出一定形状的孔或表面的加工方法叫做锪孔
6	铰孔		用铰刀从工件孔壁上切除微量金属层，以提高孔的尺寸精度和表面质量的加工方法
7	攻螺纹 套螺纹		用丝锥在工件内圆柱面上加工出内螺纹称为攻螺纹。用圆板牙在圆柱杆上加工出外螺纹称为套螺纹
8	矫正 弯曲		消除材料或工件弯曲、翘曲、凸凹不平等缺陷的加工方法称为矫正。将坯料弯成所需要形状的加工方法称为弯曲

续表

序　号	操作内容	操作演示	简　介
9	铆接 粘接		用铆钉将两个或两个以上工件组成不可拆卸的连接称为铆接。利用黏结剂把不同或相同的材料牢固地连接成一体的操作称为粘接
10	刮削		用刮刀在工件已加工表面上刮去一层很薄的金属的操作称为刮削
11	研磨		用研磨工具和研磨剂从工件上研去一层极薄表面层的精加工方法称为研磨
12	装配 调试		将若干合格的零件按规定的技术要求组合成部件，或将若干个零件和部件组合成机器设备，并经过调整、试验等使之成为合格产品的工艺过程
13	测量		用量具、量仪来检测工件或产品的尺寸、形状和位置是否符合图样技术要求的操作

三、钳工的分类

随着机械工业的飞速发展,钳工的工作范围也越来越广泛,技术内容也越加复杂。于是产生了专业分工,目前,我国《国家职业标准》将钳工划分为装配钳工、机修钳工和工具钳工三大类。

1.装配钳工

装配钳工主要从事零件的加工和机器设备的装配、调整等工作。

2.机修钳工

机修钳工主要从事机器设备的安装、调试和维修等工作。

3.工具钳工

工具钳工主要从事工具、夹具、量具、辅具、模具、刀具的制造和修理等工作。

尽管钳工的分工不同,但都应熟练掌握钳工的基础理论知识和基本操作技能,其内容包括:划线、錾削、锯削、锉削、钻孔、扩孔、锪孔、铰孔、攻螺纹、套螺纹、矫正和弯形、铆接、刮削、研磨以及机器的装配与调试、设备维修和简单的热处理等。

四、钳工的工作场地

合理组织钳工的工作场地,是提高劳动生产率,保证工作质量和安全生产的一项重要措施。为此,必须做到以下几点:

1.合理布局主要设备

钳工工作台应放在光线适宜、工作方便的地方。面对面使用钳工工作台时,应在两个工作台中间安置安全网。砂轮机、钻床应设置在场地的边缘,尤其是砂轮机一定要安装在安全、可靠的位置。

2.正确摆放毛坯、工件

毛坯和工件要分别摆放整齐,并尽量放在工件搁架上,以免磕碰。

3.合理摆放工具、夹具和量具

常用工具、夹具和量具应放在工作位置附近,方便取用,不应任意堆放,以免损害。工具、夹具、量具用后应及时清理、维护和保养,并且妥善放置。

4.工作场地应保持清洁

训练后应按要求对设备进行清理、润滑,并把工作场地打扫干净。

五、钳工操作安全生产、文明生产的基本要求

①主要设备的布置要合理、适当,如钳台要放在便于工作和光线适宜的位置;面对面使用的钳台,中间要装安全防护网;钻床和砂轮机一般应放在工作场地的边沿,以保证安全。

②要经常检查所使用的机床和工具,如钻床、砂轮机、手电钻等,发现故障应及时报修,在未修复前不得使用。

③使用电动工具时,要有绝缘防护和安全接地措施。在钳台上进行錾削时,要有防护网。清除切屑要用刷子,不得直接用手或棉纱清除,也不可用嘴吹。

④毛坯和已加工的零件应放在规定位置,排列要整齐、平稳,保证安全,便于取放,并避免碰伤已加工过的工件表面。

⑤工、量具安放的要求

a.在钳台上工作时,工、量具应按次序排列整齐,常用的工、量具要放在工作位置附近,且不能超出钳台边缘,因为活动钳身上的手柄旋转时容易碰到,易出事故。

b.量具不能与工具或工件混放在一起,应放在量具盒内或专用的搁架上。精密量具要轻放,使用前要检验它的精确度,并定期检修。

c.工、量具要整齐地安放在工具箱内,并有固定位置,不得任意堆放,以防损坏和取用不便。

d.量具使用完毕后应擦干净,并在工作面上涂油防锈。

⑥工作场地应经常保持整洁。工作完毕,所用过的设备和工具都要按要求进行清理和涂油,工作场地要清扫干净,切屑、余料、垃圾等要倒在指定地点。

第二节　钳工常用设备及工量具

一、钳工常用设备

1.钳台

钳工工作位置除了机器装配外,大多在钳工工作台上进行零件加工和零部件装配工作,工作台是钳工主要工作位置。

钳工工作台(下称钳台)如图1.1所示,由木质材料制成或钢质材料焊接而成。图所示为钳台外形。钳台由台虎钳、防护网(防止錾削飞屑)、测量用小平板及工作灯组成。

按文明生产和操作效能的要求,操作时工量具的安放位置有一定的要求。按使用方便定位,即右手使用的工具放置在台虎钳的右侧,左手使用的工具放置在台虎钳的左侧,放置在搁板或远离手工具,工具间应安放整齐,相互间不能叠放,以免碰损工具或量具。根据安全生产要求,手工具放置在钳台上时不允许露出工作台,以免台虎钳手柄转动、损害工件或造成工伤事故。暂时不用的工具,安放在抽屉内,以防止工具之间互相碰撞磨损,影响使用效能。

图1.1　钳工操作工作台

钳台的高度一般在800~900 mm,为了提高锉削效率、减少体力消耗和疲劳,应根据本人身高选择适合本人高度的钳台。钳台应放置在便于工作和光线适宜的地方,钳台间间距不应少于800 mm,工作场地应经常保持整洁,养成文明生产和安全生产的习惯。

2.台虎钳

台虎钳是用来夹持工件的通用夹具,其规格以钳口的宽度来表示,常用的有100 mm

(4 in)、125 mm(5 in)和 150 mm(6 in)等。台虎钳有固定式和回转式两种,其结构基本相同,如图 1.2 所示。图 1.2(a)所示为固定式台虎钳,固定式台虎钳刚性好,能承受较大的冲击载荷;图 1.2(b)所示为回转式台虎钳,虎钳钳座可沿底座轴线任意回转,便于零件任意角度的加工。

(a)固定式台虎钳　　　　　　　　　　　(b)回转式台虎钳

图 1.2　台虎钳

台虎钳的正确使用与维护方法如下:

①台虎钳安装在钳台上时,必须使固定钳身的钳口工作面处于钳台边缘之外,以便在夹紧长条工件时,工件的下端不受钳台边缘的阻碍。台虎钳安装在钳台上的高度应恰好与人的手肘相齐。

②台虎钳必须牢固地固定在钳台上,夹紧螺钉要扳紧,使工作时钳身不致有所松动现象,否则会影响工作。

③夹紧工件时必须靠手的力量来搬动手柄,不可锤击或随意加套管来搬动手柄,以免对丝杠、螺母或钳身造成破坏。

④强力作业时,应尽量使力量朝向固定钳身,否则将额外增大丝杠和螺母的受力。不要在活动钳身的光滑平面上进行敲击作业,以免降低其与固定钳身的配合性能。

⑤台虎钳各滑动配合表面上要经常加润滑油并保持清洁,以防止生锈。

3.钻床

钻床是一种常用的孔加工机床。在钻床上可装夹钻头、扩孔钻、锪钻、铰刀、丝锥等刀具,用来进行钻孔、扩孔、锪孔、铰孔、镗孔以及攻螺纹等工作。因此,钻床是钳工所需要的主要设备。常用的钻床有台钻、立钻和摇臂钻床三种。

(1)台式钻床

台式钻床简称台钻,如图 1.3 所示,是一种体积小巧,操作简便,通常安装在专用工作台上使用的小型孔加工机床。台式钻床的结构由机头、立柱、电动机、底座和电气部分组成,钻孔直径一般在 13 mm 以下,最小可加工 0.1 mm 的孔,最大不超过 16 mm,其主轴变速一般通过改变三角带在塔型带轮上的位置来实现,有些台式钻床也采用机械式无级变速机构,小型高速台式钻床的电动机转子直接安装在主轴上。台式钻床主轴一般只有手动进给,而且一般都有控制钻孔深度的装置,如刻度尺、刻度盘、定程装置等。

台式钻床由其结构简单,操作方便、灵活,是生产中使用较多的设备,适用于小型零件的钻削加工。

（2）立式钻床

立式钻床一般用来钻削中小型工件上的较大孔,钻孔直径大于或等于 13 mm。由于立钻的结构较台钻完善,功率较大,又可实现机动进给,因此获得较高的生产效率和较高的加工精度。同时,它的主轴转速和机动进给量都有较大的调节范围,可以适用于不同材料的加工和进行钻、扩、铰孔和攻螺纹等多种方式的孔加工。

如图 1.4 所示是立式钻床,它主要由主轴、变速箱、进给箱、工作台、立柱和底座等组成。加工时,工件通过夹具安装在工作台上或直接放在工作台上,刀具安装在主轴上,由电动机带动主轴旋转又做轴向进给运动。利用操纵手柄可以方便地控制钻头进给,快速退回。以及主轴正、反转等操作。进给操纵机构具有定程切削装置。当接通机动进给,钻至预定深度时,进给运动会自动断开。当攻螺纹至预定深度时,控制主轴可反转,使刀具自动退出,工作台、变速箱和进给箱都安装在方形立柱的垂直导轨上,可以上下调整位置,以适合加工不同高度的工件。

（3）摇臂钻床

摇臂钻床适用于对单件、小批、中批量生产的中等件和大件进行各种孔加工。如图 1.5 所示是摇臂钻床,由于它是靠移动主轴来对准工件上孔的中心,所以,使用时比立式钻床方便。摇臂钻床的主轴变速箱能在摇臂上做较大范围的移动,而摇臂又能绕立柱回转 360°,并可沿立柱上、下移动,所以,摇臂钻床能在很大范围内工作。加工时将工件压紧在工作台上,也可以直接放在底座上。摇臂钻床的主轴转速范围和走刀量范围都很广,因此可获得较高的生产效率及加工精度。由于摇臂可沿中心回转,以及主轴箱可在摇臂导轨上移动,摇臂钻床的加工范围大,适用于较大工件的钻孔、扩孔、锪孔和攻丝等加工。

图 1.3　台式钻床　　　　图 1.4　立式钻床　　　　图 1.5　摇臂钻床

4.砂轮机

砂轮机主要用来磨削各种刀具和工具,如錾子、钻头、刮刀、车刀、铣刀等刀具或样冲、划针等工具,还可用来磨去工件或材料上的毛刺、锐边等,砂轮机主要由砂轮、电动机、机座、托架和防护罩组成,如图 1.6 所示。

为了减少尘埃污染,砂轮机最好带有吸尘装置。砂轮质地较脆,工作时转速很高,使用时用力不当会发生砂轮碎裂造成人身事故。因此,安装砂轮时一定要使砂轮平衡,装好后必须先试转,检查砂轮转动是否平稳,有无振动或其他不良现象。使用时,要严格遵守以下安全操作规程:

图 1.6 砂轮机

①砂轮的旋转方向应正确,以使磨尘向下方飞离砂轮。

②砂轮起动后,应先观察运转情况,待转速正常后才能进行磨削。

③磨削时,操作者应站在砂轮的侧面或斜侧位置,不要站在砂轮的正面。

④磨削时工件或刀具不要对砂轮施加过大的压力或撞击,以免砂轮碎裂。

⑤要经常保持砂轮表面平整,发现砂轮表面严重跳动,应立即修复。

⑥砂轮的托架与砂轮间的距离一般保持在 3 mm 以内,以免磨削件卡入使砂轮破裂。

二、钳工常用量具

量具用来测量、检验零件尺寸和产品的形状误差。量具的种类较多,根据不同的工作要求,其测量范围和精度规定有多种规格,因此,在使用中应根据不同的尺寸范围和精度要求选择合适的量具测量。

1.钢直尺

钢直尺是最简单的长度量具,它的长度有 150,300,500 和 1 000 mm 四种规格。图 1.7 是常用的 150 mm 钢直尺。

图 1.7 150 mm 钢直尺

钢直尺用于测量零件的长度尺寸,它的测量结果不太准确。这是由于钢直尺的刻线间距为 1 mm,而刻线本身的宽度就有 0.1~0.2 mm,所以测量时读数误差比较大,只能读出毫米数,即它的最小读数值为 1 mm,比 1 mm 小的数值,只能估计而得。

2.塞尺

塞尺又称厚薄规或间隙片。主要用来检验机床特别紧固面和紧固面、活塞与汽缸、活塞环槽和活塞环、十字头滑板和导板、进排气阀顶端和摇臂、齿轮啮合间隙等两个结合面之间的间隙大小。塞尺是由许多层厚薄不一的薄钢片组成,如图 1.8。按照塞尺的组别制成一把一把的塞尺,每把塞尺中的每片具有两个平行的测量平面,且都有厚度标记,以供组合使用。测量时,根据结合面间隙的大小,用一片或数片重迭在一起塞进间隙内。例如用 0.03 mm 的一片能插入间隙,而 0.04 mm 的一片不能插入间隙,这说明间隙在 0.03~0.04 mm,所以塞尺也是一种界限量规。

3.刀口尺

刀口尺主要是用于检测平板、平尺、机床工作台、导轨和精密工件的平面度、直线度,也可与量块一起用于检验平面精度。外形构造如图 1.9 所示,它具有结构简单,质量轻,不生锈,操作方便,测量效率高等优点,是机械加工常用的测量工具。

刀口尺的精度一般都比较高,精度可以分为 0 级和 1 级,直线度误差控制在 1 μm 左右。刀口尺应选择合金工具钢,轴承钢或镁铝合金材料制造而成。应经过稳定性处理和去磁处理。

刀口尺的规格:500 mm、600 mm、750 mm、1 000 mm、1 200 mm、1 500 mm、2 000 mm、2 500 mm、3 000 mm、3 500 mm、4 000 mm 。

4.直角尺

直角尺是一种专业量具,简称为角尺,外形构造如图 1.10 所示。在有些场合还被称为靠尺,按材质它可分为铸铁直角尺、镁铝直角尺和花岗石直角尺,它用于检测工件的垂直度及工件相对位置的垂直度,有时也用于划线。适用于机床、机械设备及零部件的垂直度检验,安装加工定位,划线等是机械行业中的重要测量工具,它的特点是精度高,稳定性好,便于维修。

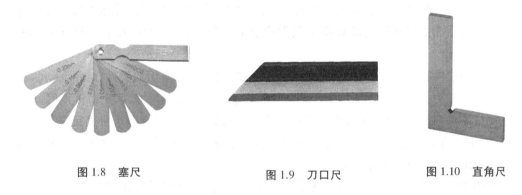

图 1.8　塞尺　　　　　　　图 1.9　刀口尺　　　　　　　图 1.10　直角尺

5.游标卡尺

游标卡尺是一种比较精密的量具,可直接测量工具的长度、宽度、深度以及圆形工件的内、外径尺寸等。游标卡尺根据分度值显示的方式和精度等级不同可分为游标卡尺、带表卡尺、数显卡尺。游标卡尺按测量范围可分为 0～100 mm、0～125 mm、0～150 mm、0～200 mm、0～300 mm、0～400 mm、0～500 mm、0～600 mm、0～800 mm、0～1 000 mm、0～1 200 mm 共 11 种规格,其测量精度有 0.10 mm、0.05 mm、0.02 mm、0.01 mm,精度为 0.02 mm 的游标卡尺较为常用。

如图 1.11 所示为精度 0.02 mm 的游标卡尺的结构,由尺身、游标、深度测量杆、锁紧螺钉尺身和游标上有测量外径用的量爪和测量内径用的量爪组成。

游标卡尺属于精密量具,使用时不能用游标卡尺测量铸件或锻件粗糙毛坯表面。以免量具磨损失去精度。同时,游标卡尺使用应注意以下几点:

①测量前应对被测工件和游标卡尺量爪做必要的清洁工作,以免切屑或毛刺影响测量的正确精度值。

②测量工件时右手轻握尺身,左手拿着工件或放在工作台上,测量时尺身量爪应紧贴工

图 1.11　游标卡尺

件被测基准表面,拇指缓缓推动游标,使游标量爪与工件被测表面贴平,锁紧螺钉读值。

③测量结果与实际尺寸不符,产生测量误差的原因有以下几种:

a.测量工件时应使尺身量爪与工件基准平面贴平,推动游标时不要用力过猛,否则会使游标量爪倾斜,出现测量误差,其原因是游标与尺身处的簧片被压缩使游标配合间隙增大所致。

b.测量时应使两个量爪的宽平面与被测工件表面接触,不宜使用量爪刀口狭窄面测量,这样测量时量爪容易产生歪斜。

c.如果被测工件是一狭窄面或圆柱表面,需要用量爪刀口测量时,游标卡尺应使尺身量爪与工件基准平面平行并推动游标作小范围的上下、左右摆动至游标尺显示尺寸最小的位置,固定后读数。

④测量圆柱件直径时,量爪长度应过半径,测量较大工件时应用双手握住游标卡尺,测量时应以尺身量爪为基准使游标至爪微微摆动至游棒卡尺显示最小尺寸,固定游标读值。

⑤测量工件内径时,应使用量爪刀口狭窄测量面测量。测量时应以尺身固定量爪贴平内孔表面,右手拇指带动游标向外拉,并以固定量爪为基准,游标量爪作上下缓慢摆动,游标卡尺上所显示的最大读值为实际尺寸。

⑥当用游标卡尺测量工件沟槽宽度尺寸时,可用游标卡尺内径量爪测量。

⑦当游标卡尺测量沟槽深度时,测量时用游标卡尺端部与被测工件沟槽基准平面贴平,然后用右手拇指轻轻向下拉动游标,测量杆端面与槽底接触,锁紧游标处螺钉读值。由于游标端部接触面较小,测量时尺身容易产生歪斜,因此,测量时应将尺身作小范围摆动,游标卡尺上显示的最大读数,为槽深的实际尺寸。

6.深度游标卡尺

深度游标尺是测量深度尺寸专用量具。深度游标尺分度值及读值原理,与游标卡尺的分度值和读值原理相同。常用的深度游标尺,测量范围有 0~150 mm、0~200 mm 两种。

普通游标卡尺虽然也具有深度测量功能但欠精确,而深度游标尺较普通游标卡尺,量值稳定,是生产中测量深度使用较多的量具。其分度值有 0.01 mm(数显深度尺)、0.02 mm、0.05 mm、0.1 mm 四种。图 1.12 所示为普通深度游标尺,使用较普遍的是以 0.02 mm 和 0.05 mm示值精度的深度游标尺。

7.高度游标卡尺

高度游标卡尺既可用来测量工件高度尺寸,也可以利用游标上的硬质合金刀块对工件作精密划线。高度游标卡尺构造如图 1.13 所示,分度值有 0.02 mm、0.05 mm、0.1 mm 三种,生产

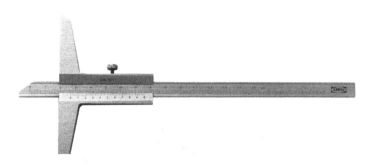

图 1.12　深度游标尺

中使用较多的游标高度尺精度是 0.02 mm 和 0.05 mm 分度值。

高度游标卡尺结构和分度值原理与游标卡尺的原理基本相同,它也有尺身和游标,尺身安装在尺座上,游标和尺身组合成分度值读数。游标上有辅助游标,测量或划线时可进行微量调整。量爪上有一精密的硬质合金刀块,由螺钉固定在游标上,硬质合金刀块底平面与尺座底平面处于同一平面,可进行接触式测量工件的高度尺寸,由于量爪上镶有硬质合金刀块并带有刀刃,因此,也可用来做精密划线工具。

8.万能角度尺

游标万能角度尺是测量角度的精密量具。通过角度尺上的元件不同组合,能测量工件内外误差角度。常用游标万能角度尺示值精度有 2′、5′ 两种,万能角度尺外形构造,如图 1.14 所示。尺身安装在扇形板上,扇形板上装有游标尺与尺身标尺组成读数系统。形板内装有小齿轮与尺身啮合,能自由调整尺身位置,由螺母夹持或放松尺身。支架分别装在扇形板和 90° 角尺上,用于固定或组合 90° 角尺和直尺。

游标万能角度尺分度值原理:尺身上标尺间距每格为 1°,游标上标尺间距是将 29°弧长分为 30 等分,即其每一分度值为 58′,因此游标上分度值与尺身上分度值相差 2′,其测量精度误差不超过±2′。游标万能角度尺使用时可通过 90° 角尺和直尺不同的安装位置和组合可分别测量 0°～50°、50°～140°、140°～230°、230°～320°范围内的任意角度误差。

9.外径千分尺

外径千分尺是生产中常用的测量工具。外径千分尺的构造如图 1.15 所示。外径千分尺可根据被测对象不同的要求,只要更换测微螺杆和测砧端部形状,可测量齿轮公法线变动量和普通螺纹的中径尺寸,典型的结构有公法线千分尺、尖头千分尺、螺纹千分尺等。

千分尺规格较多,测微螺杆的螺纹有效长度基本上都是 25 mm,规格大小只是尺架宽度尺寸变化不同而已。选用时可根据工件实际尺寸选一相应尺寸的规格。千分尺的规格以测量范围分有:0～25 mm、25～50 mm、50～75 mm、75～100 mm、100～125 mm、125～150 mm、150～175 mm 等多种常用规格。

千分尺读数原理及结构基本相同。固定套管外径上有基准零线,基准零线两侧刻有分度值刻线,每格分度值为 0.5 mm,固定套管内径有一精密的内螺纹与测微螺杆上螺纹配合,螺距为 0.5 mm,微分筒与测微螺杆为微量过盈配合,因此微分筒转一周测微螺杆则移动 0.5 mm 距离。由于微分筒圆锥表面上刻有 50 等分度值刻线,每档分度值为:0.5÷50＝0.01 mm,因此微分筒每转一小格表示分度值为 0.01 mm。千分尺读数时,先从固定套管分度线中读出 mm 数

图 1.13 高度游标卡尺

图 1.14 游标万能角度尺

图 1.15 外径千分尺

值,再从微分筒圆锥表面读出小数值。

10.百分表

百分表是比较量表,常用于测量工件的尺寸、形状和位置误差。钟面式百分表外形构造如图 1.16 所示。百分表的测量结果直观、方便、灵敏度较高应用较广的量具。百分表根据使用功能(安装在特殊的框架上)可组成专用量具,如深度百分表、测厚百分表、内径百分表等多种,按照结构特点可分为钟面式百分表和杠杆式百分表等。

测量时,量杆移动 1 mm,大指针正好回转一周。百分表表盘上沿圆周共刻有 100 个等分格,其刻度值为 0.01 mm,测量时,大指针转过 1 格刻度,表示尺寸变化为 0.01 mm。注意,量杆要有 0.3~1 mm 的预压缩量,以保持一定的初始测力,以免偏差测不出来。

11.水平仪

水平仪(如图 1.17)是一种测量小角度的常用量具,主要应用于检验各种机床及其他类型设备导轨的直线度和设备安装的水平位置,垂直位置。它也能应用于小角度的测量和带有 V 型槽的工作面,还可测量圆柱工件的安装平行度,以及安装的水平位置和垂直位置。按水平仪的外形不同可分为:万向水平仪,圆柱水平仪,一体化水平仪,迷你水平仪,相机水平仪,框式水平仪,尺式水平仪;按水准器的固定方式又可分为:可调式水平仪和不可调式水平仪。

图 1.16 钟面式百分表

图 1.17 水平仪

水平仪是以水准器作为测量和读数元件的一种量具。水准器是一个密封的玻璃管,内表面的纵断面为具有一定曲率半径的圆弧面。水准器的玻璃管内装有粘滞系数较小的液体,如酒精、乙醚及其混合体等,没有液体的部分通常叫做水准气泡。玻璃管内表面纵断面的曲率半径与分度值之间存在着一定的关系,根据这一关系即可测出被测平面的倾斜度。特别是在测垂直度时,磁性水平仪可以吸附在垂直工作面上,不用人工扶持,减轻了劳动强度,避免了人体热量辐射带给水平仪的测量误差。

12.量具的使用与保养

量具是技术工人在工作中不可缺少的。在使用量具时,应根据被测零件的尺寸、形状和位置精度要求合理的选择量具,以保证量具的测量范围、精度能满足被测零件的要求。使用前必须检查量具本身精度,如发现零位不准,应交计量人员校正。在使用过程中应该轻拿轻放,严格按照各种量具的使用方法进行操作和测量,并按照计量规定按期进行量具的周检。当使用外径千分尺进行测量时,应辅以游标卡尺测量,以保证"大数"不错、"小数"精确,避免出现"0.5 mm"的误差,使工件报废或返工。

在实际检验过程中,还需根据生产性质来选择量具。在大批量及成批生产中,应尽量选用专用工具,以提高检测速度,降低劳动强度和生产成本;在单件和小批量生产中,则应选用合适的万能工具。

量具的使用和保养要注意以下事项:

①不要用油石、砂纸等硬物刮擦量具的测量面和刻度部分,若使用过程中发生故障,应及时送交修理人员进行检修。操作者严禁随意拆卸、改装和修理量具。

②不要用手抓摸量具的测量面和刻度线部分,以免量具生锈,影响测量精度。

③不可将量具放在磁场附近,以免量具被磁化。

④严禁将量具当作其他工具使用。

⑤量具用完后立即仔细擦净上油,有工具盒的要放进原工具盒中。

⑥精密量具暂时不用时,应及时交回工具室保管。

⑦精密量具不可以测量温度过高的工件。

⑧量具在使用过程中,不要和工具、刀具混放在一起,以免破坏。

⑨粗糙毛坯和生锈工件不宜用精密量具进行测量,如非测量不可,可将被测部位清理干净并去除锈蚀后再进行测量。

⑩一切量具均应严防受潮、生锈,存放在通风、干燥的地方。

三、钳工常用工具

钳工常用的工具种类较多,依据工具的动力源不同可分为手工工具、电动工具和气动工具。恰当地选择和运用工具可以使工作事半功倍,掌握各种工具的功能、用法是一项持久的学习与实践内容。

1.手工工具

常用手工工具有划线工具,如图 1.18 所示。包括平台、方箱、划规、划针、划线盘等;切削工具,如图 1.19 所示。包括锉刀、手锯、錾子、钻头、刮刀、丝锥、板牙等;装卸、夹持、打击工具,如图 1.20 所示。包括扳手、螺钉旋具、手钳、手锤等。

2.电动、气动工具

钳工常用的电动、气动工具有电钻、电磨头、磨光机、切割机、电剪刀、电动曲线剪、风动砂

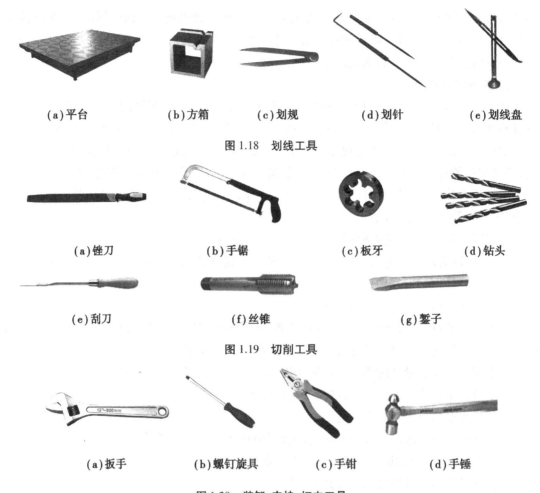

(a)平台　　　(b)方箱　　　(c)划规　　　(d)划针　　　(e)划线盘

图 1.18　划线工具

(a)锉刀　　　(b)手锯　　　(c)板牙　　　(d)钻头

(e)刮刀　　　(f)丝锥　　　(g)錾子

图 1.19　切削工具

(a)扳手　　　(b)螺钉旋具　　　(c)手钳　　　(d)手锤

图 1.20　装卸、夹持、打击工具

轮、电动扳手、气动扳手等。电动或气动工具有外部动力源,因此,较手工工具有更高的工作效率,可以减轻劳动强度,在批量生产的钳工操作中广泛应用。电动、气动工具一般不受作业场所和工件形状的限制,因此,还适用于不便采用大、中型机械的作业。

1)手电钻

手电钻是一种手提式电动工具。在装配工作中,当受工件形状或加工部位的限制,不能用钻床进行钻孔时,则可使用电钻进行钻孔。如图 1.21(a)、(b)所示,分别为手提式电钻、手枪式电钻。

(1)电钻的规格　电钻的电源电压分单相(220 V、36 V)和三相(380 V)两种。采用单相电压的电钻规格有 6、10、13、19、23 mm 等五种;采用三相电压的电钻规格有 13、19、23 mm 等三种。在使用时可根据不同情况进行选择。

(2)电钻使用的安全规则　使用电钻时必须遵守以下几项安全规则:

①是手电钻使用前,须开空转 1 min,检查传动部分是否正常,如有异常,不能使用。

②钻头必须锋利,钻孔时不要用力过猛。当孔将钻穿时,应适当减轻压力,以防卡钻。

③长期搁置不用的电钻,在使用前,必须用 500 V 兆欧表测定绝缘电阻。如绕组与铁芯

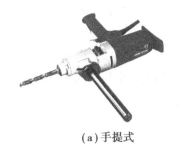

（a）手提式　　　　　　　　　　　（b）手枪式

图 1.21　手电钻

间绝缘电阻小于 0.5 MΩ 时,则必须进行干燥处理,直至绝缘电阻超过 0.5 MΩ 为止。

④使用电钻时,必须握电钻手柄,不能拉着软线拖动电钻,以防因软线擦破、轧坏等现象而造成事故。

⑤电源电压不得超过电钻铭牌上所规定电压的 ±10 V,否则会损坏电钻或影响使用效果。

⑥电钻使用时,应戴橡胶手套,穿胶鞋或站在绝缘板上,以防万一漏电而造成事故。

⑦电钻不用时,应存放于干燥、清洁和没有腐蚀性气体的环境中。

2)电磨头、风磨、角向磨光机

电磨头如图 1.22 所示,它属于高速磨削工具。适用于大型工、夹、模具的装配调整,对各种形状复杂的工件表面进行修磨或抛光。调换不同形状的小砂轮,还可以修磨各种凸、凹模的曲面。当用抛光轮代替砂轮使用时,则可以进行抛光作业。

电磨头使用必须注意以下三点:一是使用前应开机空转 2~3 min,观察旋转是否正常,若有异常,应排除故障后再使用;二是新装砂轮应修整后使用,否则所产生的不平衡力会造成严重振动,影响加工;三是砂轮外径不得超过规定尺寸,工作时砂轮和工件接触力不宜过大,更不能用砂轮冲击工件,以防砂轮爆裂,造成事故。

风磨如图 1.23 所示,它与电磨头有同样的用途和用法,主要区别在于其动力为压缩空气。适用于装备有压缩空气源的作业场所。

角向磨光机如图 1.24 所示,它是一种砂轮类电动工具。一般以单相交流串联式电动机为动力,通过传动机构驱动碟形砂轮片,对金属材料进行磨削。这种工具以增强纤维砂轮片的端面边缘为主要工作面,具有较高的切削效率,适用于对工件表面、棱边的打磨作业。

图 1.22　电磨头　　　　　图 1.23　风磨　　　　　图 1.24　角向磨光机

3)电动扳手

电动扳手用于装卸六角头螺栓、螺钉和螺母等联接件。具有较高的工作效率,常用于机械装配线或大型机械结构装配作业中。有电动冲击扳手和定力矩电动扳手,如图 1.25 所示。

机械装配中要求以恒定的夹紧力拧紧联接件时,要采用定力矩电动扳手。

此外,还有电动螺钉旋具,适用于一字或十字螺钉的快速装卸。

4)电动曲线锯

电动曲线锯如图1.26所示,可用来锯切各种不同厚度的金属薄板和塑料板。它具有体积小、质量轻、携带方便和操作灵巧等特点,适用于对各种形状复杂的大型样板进行落料加工。使用电动曲线锯时必须注意以下几点:

①使用前,应先开机空转2~3 min,检查电动部分是否正常。在使用过程中,若出现不正常响声或温升过高时,应立即停止工作,检修后再继续使用。

②锯割时,向前推力不能过猛,转角半径不宜过小。

③锯条一定要夹紧在夹头上,不得有松动现象,否则锯条易折断而造成事故。卡锯时,应立即切断电源,退出后再进行锯割。

应根据工件材料选用锯条的齿距,以提高锯割效率。当锯割塑料或有色金属等软材料时,应选用齿距较大的锯条;当锯切钢板时,应使用齿距较小的锯条。

5)电剪刀

电剪刀如图1.27所示。它的特点是使用灵活、操作方便。能用来剪切各种几何形状的金属板材,用电剪刀剪切后的板材,具有板面平整、变形小、质量好的优点。因此它也是对各种复杂的大型样板进行落料加工的主要工具之一。

图1.25　电动扳手　　　　　图1.26　电动曲线锯　　　　　图1.27　电剪刀

操作电剪刀时必须注意以下问题:一是开机前应检查整机各部分螺钉是否牢固,然后开机空转,观察运转正常后再使用。二是两刀刃的间距需根据材料厚度进行调整。当剪切厚材料时,两刃口的间隙为0.2~0.3 mm;当做小半径剪切时,间隙更要大一些,刃口间隙常调至0.3~0.4 mm;剪切薄材料时,间隙可按如下公式计算:

$$S = 0.2 \times 厚度$$

式中　S 为两刃口的间隙。

课题 **2**
划　线

第一节　划线概述

划线是钳工的基本技能之一,是确定工件加工余量,明确尺寸界限的重要方法。划线是指在毛坯或工件上,用划线工具划出待加工部位的轮廓线或作为基准的点、线的操作方法。划线分为两种:平面划线和立体划线。按所划线在加工过程中的作用,又分为找正线、加工线和检验线。

一、划线简介

1.平面划线

只需在工件一个表面上划线就能明确表示工件加工界线的称平面划线,如图2.1所示。如在板料、条料上划线。平面划线又分几何划线法和样板划线法两种方法。

2.立体划线

需要在工件两个以上的表面划线才能明确表示加工界线的,称为立体划线,如图2.2所示。如划出矩形块各表面的加工线以及机床床身、箱体等表面的加工线都属于立体划线。

图2.1　平面划线

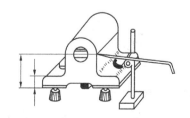

图2.2　立体划线

3.划线的作用

划线是机械加工的重要工序之一,广泛应用于单件和小批量生产,是钳工应该掌握的一

19

项重要操作技能。划线的作用如下。

（1）确定工件加工面的位置与加工余量,给下道工序划定明确的尺寸界限。

（2）能够及时发现和处理不合格毛坯,避免不合格毛坯流入加工中造成损失。

（3）当毛坯出现某些缺陷时,可通过划线时的"借料"方法,来达到一定的补救。

（4）在板料上按划线下料,可以做到正确排料,合理用料。

二、划线工具

1.钢板尺

钢板尺是一种简单的尺寸量具,在尺面上刻有尺寸刻线,最小刻线距离为 0.5 mm,它的长度规格有 150 mm、300 mm、500 mm、1 000 mm 等多种。主要用来量取尺寸、测量工件,也可以作划直线的导向工具,如图 2.3 所示。

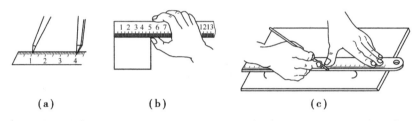

图 2.3 钢板尺的使用

2.划线平台

划线平台由铸铁制成,工作表面经过刮削加工,作为划线时的基准平面(见图 2.4)。使用注意事项:

（1）划线平板放置时应使工作表面处于水平状态;

（2）平板工作表面应保持清洁。

3.划针

划针用来在工件上划线条,由碳素工具钢制成,直径一般为 $\phi 3 \sim 5$ mm,尖端磨成 $15° \sim 20°$ 的尖角,并经热处理淬火后使用,如图 2.5 所示。使用注意事项:

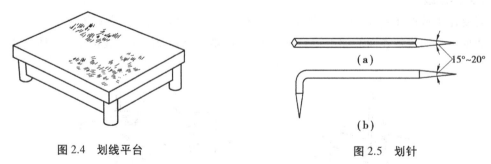

图 2.4 划线平台

图 2.5 划针

（1）划线时针尖要紧靠导向工具的边缘,并压紧导向工具;

（2）划线时,划针向划线方向倾斜 $45° \sim 75°$ 夹角,上部向外侧倾斜 $15° \sim 20°$,如图 2.6 所示。

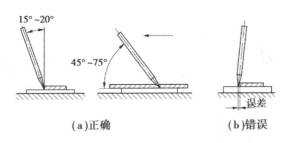

15°~20°

45°~75°

误差

(a)正确　　　　　(b)错误

图2.6　划针的用法

4.划线盘

划线盘用来在划线平板上对工件进行划线或找正工件在平板上的位置。划针的直头用来划线,弯头用于找正,如图2.7所示。使用注意事项:

(1)用划线盘划线时,划针伸出夹紧装置以外不宜太长,并要夹紧牢固,防止松动且应尽量接近水平位置夹紧划针;

(2)划线盘底面与平板接触面均应保持清洁;

(3)拖动划线盘时应紧贴平板工作面,不能摆动、跳动;

(4)划线时,划针与工件划线表面的划线方向保持40°~60°的夹角。

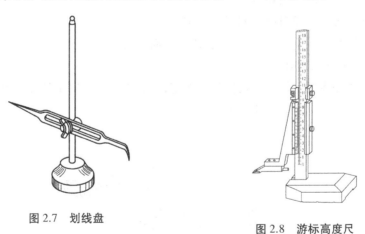

图2.7　划线盘

图2.8　游标高度尺

5.游标高度尺

游标高度尺(又称划线高度尺)由尺身、游标、划针脚和底盘组成,能直接表示出高度尺寸,其读数精度一般为 0.02 mm,一般作为精密划线工具使用,如图2.8所示。使用注意事项:

(1)游标高度尺作为精密划线工具,不得用于粗糙毛坯表面的划线;

(2)用完以后应将游标高度尺擦拭干净,涂油装盒保存。

6.划规

划规用来划圆弧、等分线段、等分角度和量取尺寸等,如图2.9所示。

使用注意事项:

(1)划规划圆时,作为旋转中心的一脚应施加较大的压力,而施加较轻的压力于另一脚在工件表面划线;

(2)划规两脚的长短应磨得稍有不同,且两脚合拢时脚尖应能靠紧,这样才能划出较小

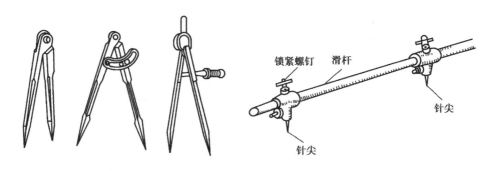

图 2.9　划规

的圆;

(3)为保证划出的线条清晰,划规的脚尖应保持尖锐。

7.样冲

用于在工件所划加工线条上打样冲眼(冲点),作加强界限标志和作划圆弧或钻孔时的定位中心。如图 2.10。样冲一般用工具钢制成,尖端处淬硬,其顶尖角度在用于加强界限标记时约为 40°,用于钻孔定中心时约取 60°。使用注意事项:

(1)样冲刃磨时应防止过热退火;

(2)打样冲眼时冲尖应对准所划线条正中;

(3)样冲眼间距视线条长短曲直而定,线条长而直时,间距可大些,短而曲则间距应小些,交叉、转折处必须打上样冲眼;

(4)样冲眼的深浅视工件表面粗糙程度而定,表面光滑或薄壁工件样冲眼打得浅些,粗糙表面打得深些,精加工表面禁止打样冲眼。

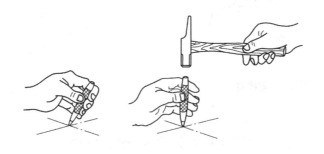

图 2.10　打样冲眼

8.90°角尺

90°角尺在划线时用作划垂直线或平行线的导向工具,也可用来找正工件表面在划线平板上的垂直位置,如图 2.11 所示。

9.角度尺

角度尺又被称为量角器,设有半圆弧分度规,分度规上设有分度刻划,中部直尺上没有刻度,可方便地测量角度及标划线长。角度尺及使用方法如图 2.12 所示。

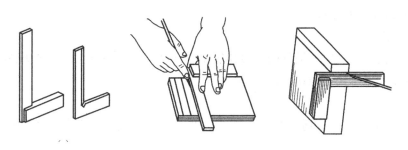

图 2.11   90°角尺及使用方法

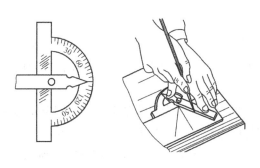

图 2.12   角度尺及使用方法

10.划线涂料

为了使线条清楚,一般要在工件划线部位涂上一层薄而均匀的涂料。表面粗糙的铸、锻件毛坯上用石灰水(常在其中加入适量的牛皮胶来增加附着力);已加工的表面要用酒精色溶液(在酒精中加漆片和紫蓝颜料配成)和硫酸铜溶液。

表 2.1   常用涂料配方及应用场合

名　称	配置比例	应用场合
石灰水	石灰水加适量牛皮胶	大、中型铸件和锻件毛坯
龙胆紫	(2%~4%)品紫+(3%~5%)漆片+(91%~95%)酒精	已加工表面
硫酸铜溶液	100 g 水中加入 1~1.5 g 硫酸铜和少许硫酸	形状复杂的工件或已加工表面

第二节   划线前的准备与划线基准的选择

一、划线前的准备

1.技术准备

划线前,必须认真分析图纸的技术要求和工件加工的工艺规程,合理选择划线基准,确定划线位置、划线步骤和划线方法。

2.工件准备

清理铸件的浇口、冒口,锻件的飞边和氧化皮,已加工工件的锐边、毛刺等;对有孔的工件可在毛坯孔中填塞木块或铅块,以便划规划圆。

3.涂色

根据工件的不同,选择适当的涂色剂,在工件上需要划线的部位均匀的涂色。

二、划线基准的选择

1.基准的概念

在工件图上用来确定其他点、线、面位置的基准,称为设计基准。划线基准是指在划线时选择工件上的某个点、线、面作为依据,用它来确定工件的各部分尺寸、几何形状及相对位置。

2.划线基准的选择

(1)以两个相互垂直的平面或直线为划线基准,如图2.13(a)所示。

(2)以两个互相垂直的中心线为划线基准,如图2.13(b)所示。

(3)以一个平面和一条中心线为划线基准,如图2.13(c)所示。

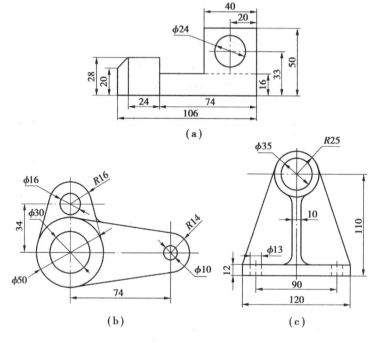

图 2.13　划线基准类型

三、常用的基本划线方法

划线时经常会遇到等分线段、等分圆周等作图问题,也会遇到直线与直线、直线与曲线或曲线与曲线之间的光滑过渡等连接问题,表2.2是常用的基本划线方法。

表 2.2 常用的基本划线方法

划线要求	图样	划线方法
等分直线 AB 为五等分（或若干等分）		1.作线段 AC 与已知直线 AB 成 20°~40°角度 2.由 A 点起在 AC 上任意截取五等分点 a、b、c、d、e 3.连接 BC 过 d、C、b、a 分别作成的平行线。各平行线在 AB 上的交点 d′、C′、b′、a′即为五等分点
作与 AB 距离为 R 的平行线		1.在已知直线 AB 上任意取两点 a、b 2.分别以 a、b 为圆心，R 为半径，在同侧划圆弧 3.作两圆弧的公切线，即为所求的平行线
过线外一点 P，作线段 AB 的平行线		1.在线段 AB 的中段任取一点 O 2.以 O 为圆心，OP 为半径作圆弧，交 AB 于 a、b 3.以 b 为圆心，aP 为半径作圆弧，交圆弧 ab 于 C 4.连接 Pc，即为所求平行线
过已知线段 AB 的端点 B 作垂线		1.以 B 为圆心，Ba 为半径作圆弧交线段 AB 于 a 2.以 aB 为半径，在圆弧上截取 ab 和 bc 3.以 b、c 为圆心，Ba 为半径作圆弧，得交点 d。连接 dB，即为所求垂线
求 15°、30°、45°、60°、75°、120°的角度		1.以直角的顶点 O 为圆心，任意长为半径作圆弧，与直角边 OA、OB 交于 a、b 2.以 Oa 为半径，分别以 a、b 为圆心作圆弧，交圆弧 ab 于 c、d 两点 3.连接 Oc、Od，则∠bOc、∠cOd、∠dOa 均为 30°角 4.用等分角度的方法，亦可作出 15°、45°、60°、75°及 120°的角
任意角度的近似作法		1.作直线 AB 2.以 A 为圆心，57.4 mm 为半径作圆弧 CD 3.以 D 为圆心，10 mm 为半径在圆弧 CD 上截取，得 E 点 4.连接 AE，则∠EAD 近似为 10°，半径每 1 mm 所截弧长近似为 1°
求已知弧的圆心		1.在已知圆弧 AB 上取点 N_1、N_2、M_1、M_2，并分别作线段 N_1N_2 和 M_1M_2 的垂直平分线 2.两垂直平分线的交点 O，即为圆弧 AB 的圆心
作圆弧与两相交直线相切		1.在两相交直线的锐角∠BAC 内侧，作与两直线相距为 R 的两条平行线，得交点 O 2.以 O 为圆心、R 为半径作圆弧即成

钳工技能

续表

划线要求	图 样	划线方法
作圆弧与两圆外切		1.分别以 O_1 和 O_2 为圆心,以 R_1+R 及 R_2+R 为半径作圆弧交于 O 点 2.连接 O_1、O 交已知圆于 M 点,连接 O_2、O 交已知圆于 N 点 3.以 O 为圆心、R 为半径作圆弧即成
作圆弧与两圆内切		1.分别以 O_1 和 O_2 为圆心,$R-R_1$ 和 $R-R_2$ 为半径作弧交于 O 点 2.以 O 为圆心、R 为半径作圆弧即成
把圆同五等分		1.过圆心 O 作直径 $CD \perp AB$ 2.取 OA 的中点 E 3.以 E 为圆心、EC 为半径作圆弧交 AB 于 F 点,CF 即为圆五等分的长度
任意等分半圆		1.将圆的直径 AB 分为任意等分,得交点 1、2、3、4、… 2.分别以 A、B 为圆心、AB 为半径作圆弧交于 O 点 3.连接 O_1、O_2、O_3、O_4、…,并分别延长交半圆于 $1'$、$2'$、$3'$、$4'$、…。$1'$、$2'$、$3'$、$4'$、…即为半圆的等分点

第三节 划线时的找正和借料

一、找正

找正就是利用划线工具使工件或毛坯上有关表面与基准面之间调整到合适位置。工件的找正如图2.14。

1.找正的作用

(1)当毛坯件上有不加工表面时,通过找正后再划线,可使加工表面与不加工表面之间保持尺寸均匀。

(2)当毛坯件上没有不加工表面时,将各个加工表面位置找正后再划线,可以使各加工表面的加工余量得到均匀分布。

2.找正的原则

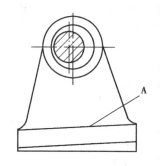

图2.14 工件的找正

当毛坯件上存在两个以上不加工表面时,其中面积较大、较重要的或表面质量要求较高的面应作为主要的找正依据,同时尽量兼顾其他的不加工表面。这样经划线加工后的加工表

26

面和不加工表面才能够达到尺寸均匀、位置准确、符合图纸要求,而把无法弥补的缺陷反映到次要的部位上去。

二、借料

借料就是通过试划和调整,将工件各部分的加工余量在允许的范围内重新分配,互相借用,以保证各个加工表面都有足够的加工余量,在加工后排除工件自身的误差和缺陷。借料步骤:

①测量工件各部分尺寸,找出偏移的位置和偏移量的大小;

②合理分配各部位加工余量,然后根据工件的偏移方向和偏移量,确定借料方向和借料大小,划出基准线;

③以基准线为依据,划出其余线条;

④检查各加工表面的加工余量,如发现有余量不足的现象,应调整借料方向和借料大小,重新划线。

一些铸、锻毛坯,在尺寸、形状、几何要素的位置上,存在一定的缺陷或误差。当误差不大时,通过试划线和调整可以使加工表面都有足够的加工余量,并得到恰当的分配。而缺陷和误差,加工后将会得到排除,这种补救方法叫借料。但是当毛坯件误差或缺陷太大时,无法通过借料来补救,也只好报废。

图2.15所示为箱体毛坯划线时的借料实例。

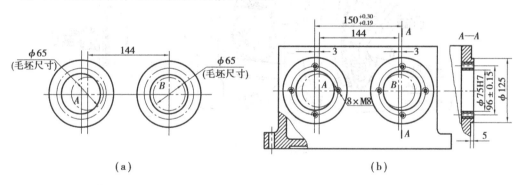

图2.15　划线时的借料

图示A、B两个孔的中心距要求为150$^{+0.3}_{+0.19}$ mm,而由于铸造缺陷,A孔中心偏移了6 mm,使毛坯工件的孔距只有144 mm,所以在划线时不按常规,以ϕ125 mm凸台外圆划A、B孔的中心,如图2.15(a)所示,这样A孔就没有加工余量了。这种情况应把两个中心向外借3 mm一边,如图2.15(b)所示。由于借料,ϕ125 mm凸台和ϕ175 mm孔偏移了。只要凸台余量允许或有少许偏位,此时仅对外观质量有些影响,但工件不至于因没有加工余量而报废。

划线时的找正和借料一般是有机地结合起来进行的,并且要相互兼顾,这样才能做好划线工作。

第四节　分度头划线

分度头是用来对工件进行等分、分度的重要工具,也是铣床加工的一个重要附件。钳工在划线时,将分度头放在划线平板上,工件夹持在分度头的三爪自定心卡盘上,配以划线盘或高度游标卡尺,即可对工件进行分度、等分或划平行线、垂直线、倾斜角度线和圆的等分线或不等分线等,其方法简便,适用于大批量中小零件的划线。

一、分度头结构

分度头外形见图 2.16。主要有壳体和壳体中部的鼓形回转体、主轴以及分度盘和分度叉等组成。分度头主轴前端有内锥孔,可以装入前顶尖。主轴前端的外螺纹,用来安装夹持工件的三爪自定心卡盘。刻度盘固定在主轴上,和主轴一起旋转。刻度盘上有 0°~360° 的刻度,可用来对工件直接分度。

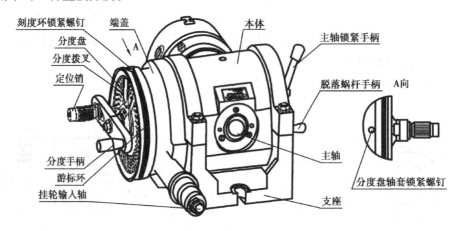

图 2.16　分度头结构

二、分度头的传动原理

分度头的传动原理如图 2.17 所示,将工件装在与主轴螺纹联接的三爪自定心卡盘 1 上,固定在主轴上的蜗轮 2 为 40 齿,3 是单头蜗杆。$B1$ 和 $B2$ 是齿数相同的两只圆柱齿轮,$A1$ 和 $A2$ 是锥齿轮,5 是分度盘,7 是分度手柄,6 是定位销。拔出定位销 6,转动分度手柄 7 时,分度盘不转动,通过传动比 1∶1 的圆柱齿轮 $B1$、$B2$ 的传动,带动蜗杆 3 转动,然后通过传动比为 1∶40 的蜗杆传动机构带动主轴(工件)转动进行分度。

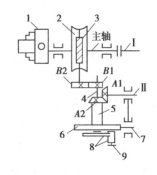

图 2.17　分度头传动原理
1—三爪自定心卡盘;2—蜗轮;
3—单头蜗杆;4—心轴;5—分度盘;
6—定位销;7—分度手柄

三、分度头的分度方法

1.直接分度法

用直接分度法时,需松开主轴锁紧机构,脱开蜗杆与蜗杆的啮合,然后用手直接转动主轴,主轴所需转角由刻度盘直接读出。分度完毕后,需要通过锁紧机构将主轴锁紧,以免加工时转动。

直接分度法一般用于加工精度要求不高且分度较少,如 2、3、4、6 等份的工件。

2.简单分度法

分度数目较多时可用简单分度法分度。分度前应使蜗杆与蜗杆啮合并用锁紧螺钉将分度盘锁紧。选好分度盘孔圈后,应调整插销对准所选用的孔圈。分度时手柄应转过的转数计算如下:

设工件需要分度 z,则每次分度时主轴应转 $1/z$ 转。由分度头传动系统可知,分度头手柄心轴与蜗杆之间的传动比为 $1:1$,蜗杆为单头,主轴上蜗轮齿数为 40。若分度手柄转过一周,分度头主轴即转动 1/40 周。因此分度头手柄的转数可按下列传动关系式算出:

$$n = \frac{40}{z}$$

式中　n——分度手柄转数;

　　　z——工件等分数。

【例 2.1】　要划出均匀分布在工件圆周上的 10 个孔,试求每划一个孔的位置后,分度头手柄应转几周后再划第二个孔位置?

解:

根据公式 $n = 40/z = 40/10 = 4$

答:即每划完一个孔的位置后,手柄应转过四周再划第二个孔的位置。

课题 3

钳工基本技能

第一节　锯　削

锯削用手锯将金属材料分割开,或在工件上锯出沟槽的操作称为锯削。锯削的用途是分割各种材料和半成品(见图3.1(a)),锯掉工件上多余的部分(见图3.1(b)),在工件上锯槽(见图3.1(c))等。

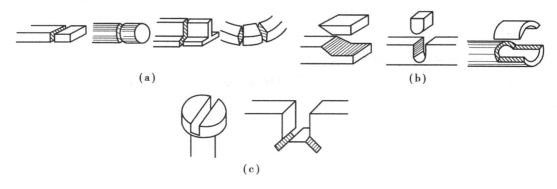

（a）　　　　　　　　　　　　　　　　　　　　（b）

（c）

图 3.1　锯削的用途

一、锯削工具

1.锯弓

锯弓用于安装和张紧锯条,有固定式和可调式两种,如图3.2所示。

固定式锯弓只能安装一种长度的锯条;可调式锯弓的安装距离可以调节,能安装几种长度的锯条。

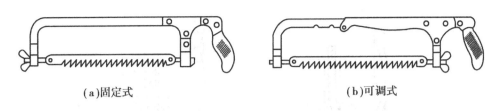

（a）固定式　　　　　　　　（b）可调式

图 3.2　锯弓

2.锯条

锯条（见图 3.3）在锯削时起切削作用。锯条的长度规格是以两端安装孔中心距来表示的,钳工常用的锯条长度为 300 mm。

图 3.3　锯条

锯齿的粗细以锯条每 25 mm 长度内的齿数来表示。一般分为粗、中、细 3 种,锯齿的粗细规格及应用见表 3.1。锯齿粗细的选择:

（1）锯齿粗细的选用一般应根据加工材料的软硬、切面大小等来进行。锯削软材料或切面较大的工件时,因切屑较多,要求有较大的容屑空间,应选用粗齿锯条;锯削硬材料或切面较小的工件时,因锯齿不易切入,切屑较少,不易堵塞容屑槽,应选用细齿锯条,同时,细齿锯条参加切削的齿数增多,可使每个齿担负的锯削量小,锯削阻力小,材料易于切除,锯齿也不易磨损;一般中等硬度材料选用中齿锯条。

（2）锯削管子和薄板时,必须用细齿锯条。否则会因齿距大于板（管）厚,使锯齿被钩住而崩断。锯削时,截面上至少要有两个以上的锯齿同时参加锯削,才能避免锯齿被钩住而崩断。

表 3.1　锯齿的粗细规格及应用

类　别	每 25 mm 长度内的齿数	应　用
粗	14~18	锯削软钢、黄铜、铝、铸铁、纯铜、人造胶质材料
中	22~24	锯削中等硬度钢、厚壁的钢管、铜管
细	32	锯削薄片金属、薄壁管子
细变中	32~20	一般企业中用,易于起锯

3.锯路

在制造锯条时,使锯齿按一定的规律左右错开,排列成一定形状,称为锯路。锯路有交叉形和波浪形等,如图 3.4 所示。锯路的作用是使工件上的锯缝宽度大于锯条背部的厚度,从而减少了"夹锯"和锯条过热现象,延长了锯条的使用寿命。

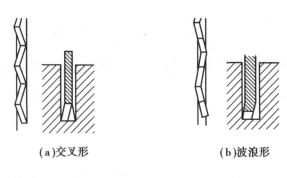

(a)交叉形　　　　　　　　　　(b)波浪形

图 3.4　锯路

二、锯条和工件的装夹

手锯是在向前推进时进行切削的,所以安装锯条时必须注意使锯齿朝向前推的方向,如图 3.5 所示,并且要注意控制锯条的松紧程度。装好的锯条应与锯弓保持在同一平面内。

将工件装夹于台虎钳上,锯削线一般在钳口偏左侧并与钳口垂直,以方便操作。同时,注意锯削线离钳口不要过远,以免锯削时工件振动。工件的装夹方法如图 3.6 所示。

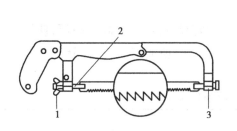

图 3.5　锯条的安装方向

1—翼形螺母;2—夹头;3—方形导管

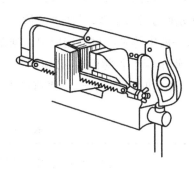

图 3.6　工件的装夹方法

三、锯削方法

1.锯削姿势

锯削时的站立位置如图 3.7 所示。左脚超前半步,两腿自然站立,人体重心稍微偏于右脚,视线要落在工件的切削部位。

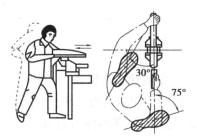

图 3.7　锯削时的站立位置

2.手锯的握法

握手锯时应右手满握锯柄,左手轻扶在锯弓前端,其握法如图 3.8 所示。

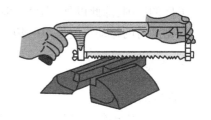

图 3.8　手锯的握法

3.起锯

根据所划线起锯,起锯分为远起锯和近起锯两种。

远起锯:从工件离自己稍远的一端起锯,如 3.9(a)所示。

近起锯:从工件离自己稍近的一端起锯,如 3.9(b)所示。一般情况下采用远起锯较好,因为此时锯齿是逐步切入材料的。锯齿不易被卡住,起锯比较方便。如果采用近起锯,掌握不好时,锯齿由于突然切入较深的材料,容易被工件棱边卡住甚至崩断。

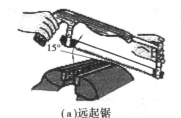

(a)远起锯

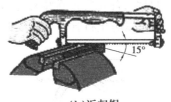

(b)近起锯

图 3.9　起锯方法

不论是远起锯还是近起锯,起锯角都要小些,一般不超过 15°,让锯齿逐步切入工件,以免锯齿受工件上棱边的冲击而崩裂,起锯时还要用左手拇指挡住锯条,以免锯削位置偏移(见图 3.10)。

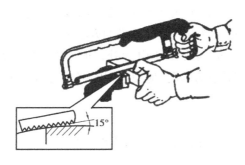

图 3.10　起锯角

四、锯削操作

①锯削前为了保证锯削后有足够的精加工余量,并能使锯缝平直,可在所划槽线内侧约 1.5 mm 处划槽平行线,起锯时使锯缝与所划线重合,防止锯缝歪斜。

②锯条应装得松紧适度,锯削时不要用力过猛,防止锯条折断而崩出伤人。

③工件将要锯断时压力要小,避免压力过大使工件突然断开,身体向前冲而造成事故。工件将断时要用左手扶住工件将断开的部分,防止工件落下砸伤脚。

④锯削时推力和压力主要由右手控制,左手所加压力不要太大,主要起扶正锯弓的作用。手锯向前推出时为切削行程,应施加压力;回程不切削,自然拉回,不加压力,工件快锯断时压力要小。

⑤推锯时锯弓的运动方式可有两种:一种是直线运动,适用于锯缝底面要求平直的槽和薄壁工件的锯削;除此以外,锯弓一般可上下摆动,这样可使操作自然,两手不易疲劳。

⑥锯削时的运动速度以 20~40 次/min 为宜,锯削硬材料时慢些,锯削软材料时快些。

五、其他锯削

1.棒料的锯削

如果要求锯削的断面比较平整,应从开始连续锯到结束。若锯出的断面要求不高,锯削时可改变几次方向,使棒料转过一定角度再锯,由于锯削面变小而容易锯入,可提高工作效率。

2.管子的锯削

锯削管子的时候,首先要正确装夹好管子。对于薄壁管子和精加工过的管件,应夹在有V 形槽的木垫之间,以防止将管件夹扁或夹坏表面。管子的锯削如图 3.11 所示。

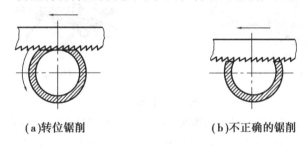

(a)转位锯削   (b)不正确的锯削

图 3.11　管子的锯削

锯削时一般不要在一个方向上从开始连续锯到结束,因为锯齿容易被管壁钩住而崩断,尤其是锯削薄壁管子更易产生这种现象。正确的方法是每个方向只锯到管子的内壁处,然后把管子转过一个角度,仍旧锯到管子的内壁处,如此逐渐改变方向,直至锯断为止,如图3.11(a)所示。薄壁管子在转变方向时,应使已锯的部分向锯条推进方向转动,否则锯齿仍有可能被管壁钩住。

3.深缝的锯削

当锯缝的深度到达锯弓的高度时,为了防止锯弓与工件相碰,应把锯条转过 90°。安装后再锯,如图 3.12 所示。由于钳口的高度有限,工件应逐渐改变装夹位置,使锯削部位处于钳口附近,而不是在离钳口过高或过低的部位锯削。否则工件因弹动而将影响锯削质量,也容易损坏锯条。

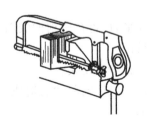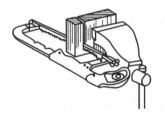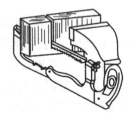

(a)锯缝深度超过锯弓高度   (b)锯条转过90°安装   (c)锯条转过180°安装

图 3.12　深缝的锯削

4.薄板料的锯削

锯削薄板料时,应尽可能从宽的面上锯下去。这样锯齿不易被钩住。当一定要在板料的狭面锯下去时,应该把它夹在两块木块之间,连木块一起锯下,如图 3.13(a)所示,这样才可避免锯齿被钩住,同时也提高了板料的刚度,锯削时薄板料不会弹动。也可以将薄板料直接装夹在台虎钳上,用手锯横向斜推,使锯齿同时锯削的齿数(至少有两个以上)增加,避免锯齿崩裂,如图 3.13(b)所示。

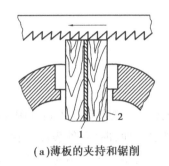 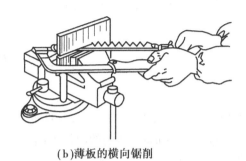

(a)薄板的夹持和锯削　　　　　　　　(b)薄板的横向锯削

图 3.13　薄板料的锯削

六、锯削时故障原因分析

锯削时故障原因分析见表 3.2。

表 3.2　锯削时故障原因分析

出现问题	产生原因
锯条折断	1.工件未夹紧,锯削时有松动; 2.锯条装得过松或过紧; 3.锯削压力过大或锯削方向突然偏离锯缝方向; 4.强行纠正歪斜锯缝; 5.因锯条中间磨损而被卡住引起折断; 6.中途停止使用时,手锯未从工件中取出而折断。
锯齿崩断	1.锯条选择不当; 2.起锯角太大; 3.锯削运动摆动过大及锯齿有过猛的撞击。
锯缝产生歪斜	1.锯条安装太松或相对锯弓平面扭曲; 2.锯齿两面磨损不均; 3.锯削压力过大使锯条左右偏摆; 4.锯弓未扶正或用力歪斜,偏离锯缝中心; 5.工件安装时,锯缝线未与地面垂直。
尺寸超差	1.划线不正确; 2.锯缝歪斜过多,偏离划线范围。
工件表面拉毛	1.起锯方法不对,把工件表面锯坏。

七、锯削文明生产和安全生产知识

①锯条要装正(齿尖朝前)装牢。

②要防止锯条折断后弹出伤人。

③停止锯削时,锯条要从锯缝中取出放到钳工台上,而不能放在虎钳上。

④零件的装夹要牢固,在将锯断时,要用手扶住工件防止断料掉下来砸脚,同时要防止用力过猛,将手撞到零件上或台虎钳上伤人。

第二节　锉　削

锉削是用锉刀对工件表面进行切削的加工方法称为锉削。锉削精度可达 0.01 mm,表面粗糙度 R_a 值可达 0.8 μm。锉削的应用范围很广,可以锉削平面、曲面、外表面、内孔、沟槽和各种复杂表面,还可以锉配键、制作样板及在装配中修整工件,是钳工常用的重要操作之一。

一、锉削工具

1.锉刀的组成

锉刀由锉身和锉柄两部分组成,锉刀的构造及各部分的名称如图 3.14 所示。锉刀面是锉刀的主要工作面,上下两面都制有锉齿,以便于进行锉削。

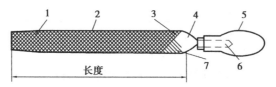

图 3.14　锉刀的构造及各部分的名称

1—锉刀面;2—锉刀边;3—底齿;4—锉刀尾;

5—木柄;6—锉刀舌;7—面齿

锉刀面上有无数个锉齿,锉削时每个锉齿都相当于一把錾子,用以对金属材料进行切削。

锉纹是锉齿排列的图案。锉刀的齿纹有单齿纹和双齿纹两种,如图 3.15 所示。单齿纹是指锉刀上只有一个方向的齿纹,适用于锉削软材料。双齿纹是指锉刀上两个方向排列的齿纹。适用于锉削硬材料。

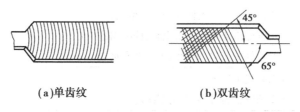

(a)单齿纹　　　　　　　(b)双齿纹

图 3.15　锉刀的齿纹

锉刀的规格用其锉身的长度来表示,钳工常用的锉刀有 100,125,150,200,250,300 和 350 mm 等几种。

2.锉刀的种类

锉刀的种类见表 3.3。

表 3.3　锉刀的种类

分　类	外　形	用　途
钳工锉	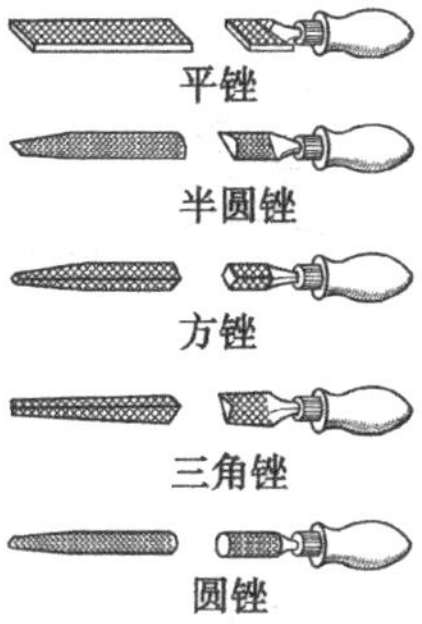 平锉 半圆锉 方锉 三角锉 圆锉	应用广泛,按其断面形状不同,可分为平锉、方锉、三角锉、半圆锉和圆锉 5 种
异形锉	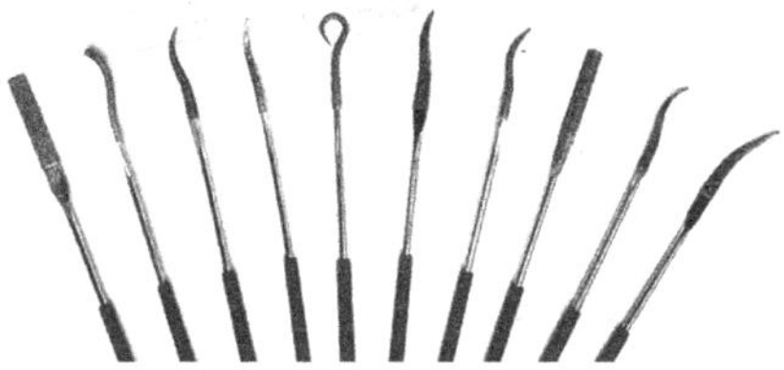	用来锉削工件上的特殊表面,有各种形状
整形锉		主要用于修整工件上的细小部分。通常以 5,6,8,10 或 12 把不同断面形状的锉刀组成一组

二、锉刀的握法及锉削姿势

1.锉刀的握法

锉刀的握法掌握得正确与否,对锉削质量、锉削力量的发挥和操作者的疲劳程度都有一定的影响。由于锉刀的大小和形状不同,所以锉刀的握法也应不同,如图 3.16 所示。

(1)比较大的锉刀(250 mm 以上),用右手握锉刀柄,柄端顶住掌心,大拇指放在柄的上部,其余手指满握锉刀柄(见图 3.16(a))。左手的姿势可以有 3 种,如图 3.16(b)、(c)所示。

两手在锉削时的姿势如图 3.16(a)所示。其中左手的肘部要适当抬起,不要有下垂的姿势,否则不能发挥力量。

(2)中型锉刀(200 mm 左右),右手的握法与大锉刀的握法一样,左手只需用大拇指和食指、中指轻轻扶持即可,不必像大锉刀那样施加很大的力量,如图 3.16(c)所示。

（3）较小的锉刀（150 mm 左右），由于需要施加的力量较小，故两手的握法也有所不同，如图 3.16（d）所示。这样的握法不易感到疲劳，锉刀也容易掌握平稳。

（4）更小的锉刀（150 mm 以下），只要用一只手握住即可，如图 3.16（e）所示。用两只手握反而不方便，甚至可能压断锉刀。

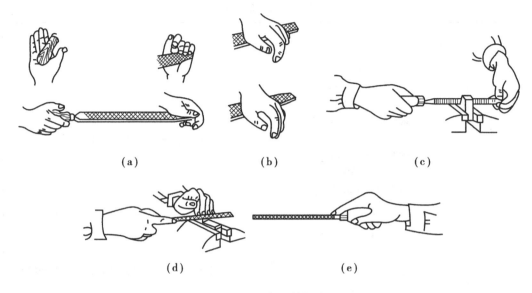

（a）　　　　　　　　（b）　　　　　　　　（c）

（d）　　　　　　　（e）

图 3.16　锉刀的握法

2.锉削的姿势

锉削时人的站立位置与锯削时相似。站立要自然并便于用力，以能适应不同的锉削要求为准。锉削时身体的重心要落在左脚上，右膝伸直，左膝随锉削时的往复运动而屈伸。锉刀向前锉削的过程中，锉削姿势如图 3.17 所示。

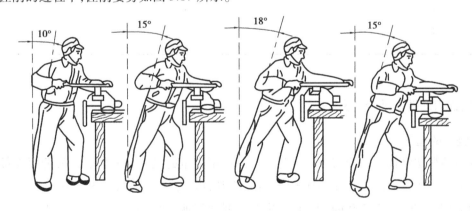

图 3.17　锉削姿势

3.锉削力的运用和锉削速度

在锉削时，要锉出平直的平面，必须使锉刀保持直线的锉削运动。为此，锉削时右手的压力要随锉刀推动而逐渐增加，左手的压力要随锉刀的推动而逐渐减小。回程时不加压力，以减少锉齿的磨损。锉削速度一般应在 40 次/min 左右，推出时稍慢，回程时稍快，动作要自然、协调。

三、锉刀的选择

锉刀选用得是否合理,对工件加工质量、工作效率和锉刀寿命都有很大的影响。

1.锉刀断面形状和尺寸规格的选择

锉刀的断面形状和尺寸一般应根据工件被加工表面的形状和大小来选用。例如,锉削内角表面时,为使两者的形状相适应,要选择三角锉;加工表面较大时,要选择大尺寸的锉刀。

2.锉刀粗细规格的选择

锉刀的粗细要根据工件材料的软硬、加工余量的大小、加工精度和表面粗糙度要求的高低来选用。例如,粗锉刀由于齿距较大不易堵塞,一般用于锉削铜、铝等软金属及加工余量大、精度低和表面粗糙的工件;细锉刀用于锉削钢、铸铁以及加工余量小、精度要求高和表面粗糙度值低的工件;油光锉则用于最后修光工件表面。

四、锉削方法

1.顺向锉

顺向锉是最普通的锉削方法,不大的平面和最后锉光都用这种方法。顺向锉可得到正直的锉痕,比较整齐、美观,如图 3.18 所示。

2.交叉锉

交叉锉时锉刀与工件的接触面增大,锉刀容易掌握平稳。同时,从锉痕上可以判断出锉削面的高低情况,因此容易把平面锉平。交叉锉进行到平面将锉削完成之前,要改用顺向锉法,使锉痕变得正直,如图 3.19 所示。

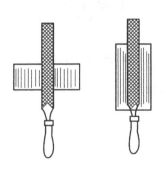　　　　

图 3.18　顺向锉　　　　　　　图 3.19　交叉锉

在锉平面时,不管是顺向锉还是交叉锉,为了使整个加工面能均匀地锉削到,一般在每次抽回锉刀时要向旁边略为移动,锉刀移动的示意图如图 3.20 所示。

3.推锉

推锉一般用来锉削狭长的平面,或在用顺向锉法锉刀推进受阻碍时采用。推锉法不能充分发挥手的力量,同时切削效率不高,故只适宜在加工余量较小和修正尺寸时应用,如图 3.21 所示。

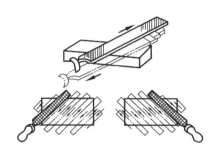

图 3.20　锉刀移动示意图

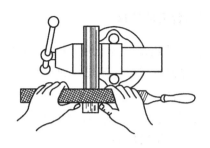

图 3.21　推锉

4.外圆弧面锉削

锉外圆弧面时一般是采用锉刀顺着圆弧锉削的方法（见图 3.22（a））。在锉刀做前进运动的同时,还应绕工件圆弧的中心做摆动。摆动时,右手把锉刀柄部往下压,而左手把锉刀前端向上提,这样锉出的圆弧面不会出现有棱边的现象。但顺着圆弧锉的方法不易发挥力量,锉削效率不高,故适用于余量较小或精锉圆弧的情况。

当加工余量较大时,可采用横着圆弧锉削的方法（见图 3.22（b））。由于锉刀做直线推进,用力可稍大,故效率较高。当按圆弧要求先锉成多棱形后,再用顺着圆弧锉削的方法精锉成圆弧。

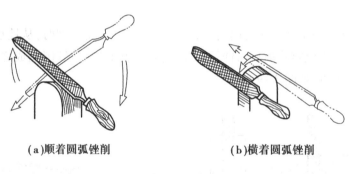

(a)顺着圆弧锉削　　　　**(b)横着圆弧锉削**

图 3.22　外圆弧面的锉法

五、工件质量的检验

1.检测平面度误差

检测时,刀口形直尺应垂直放在工件被测表面上,在被测面的纵向、横向、对角方向多处逐一检查,以确定各方向的平面度误差,如图 3.23 所示。

（1）如果检测处在刀口形直尺与平面间透过来的光线微弱而均匀,表示此处比较平直;

（2）如果检测处透过来的光线强弱不一,则表示此处有高低不平处,光线强的地方比较低,而光线弱的地方比较高;

（3）平面度误差值可用塞尺塞入检查;

（4）对中凹平面,其平面度误差可取各检查部位中的最大值;

（5）对中凸平面,则应在两边塞入同样厚度的塞尺进行检查,其平面度误差可取各检测部位中的最大值;

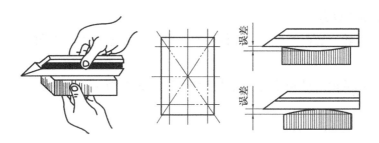

图 3.23　用刀口形直尺检测平面度误差

（6）用塞尺检测时，应做两次极限尺寸的检查后，才能得出其间隙的数值。例如，用 0.04 mm 的塞尺片可插入，而用 0.05 mm 的塞尺片插不进去，其间隙应为 0.04 mm。

2.检测平行度误差

以锉平的基面为基准，用游标卡尺或千分尺在不同点测量两平面间的厚度，根据读数确定该位置的平行度是否超差，如图 3.24 所示。

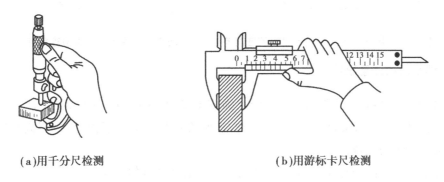

（a）用千分尺检测　　　　　　　　　　　（b）用游标卡尺检测

图 3.24　检查平行度误差

3.用 90°角尺检测垂直度误差

先将 90°角尺尺座的测量面紧贴工件的基准面，然后从上逐步轻轻向下移动，使 90°角尺的测量面与工件的被测表面接触，目光平视观察其透光情况，以此来判断工件被测面与基准面是否垂直，如图 3.25（a）所示。检测时，90°角尺不可斜放，如图 3.25（b）所示。在同一平面上改变不同的检测位置时，不可在工件表面上拖动 90°角尺，以免将其磨损，影响 90°角尺本身的精度。

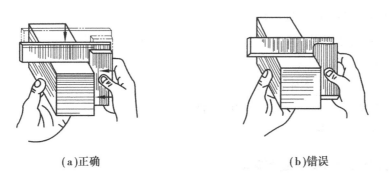

（a）正确　　　　　　　　　　　　　（b）错误

图 3.25　用 90°角尺检测工件垂直度误差

4.检查线轮廓度误差

曲面形体的线轮廓度误差可通过样板用塞尺或透光法进行检查,如图 3.26 所示。

5.检查角度

角度可用专用的内或外角度样板进行检查,如图 3.27 所示,也可以用万能角度尺进行检查。

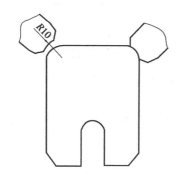 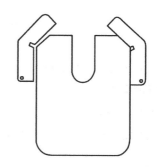

图 3.26　用样板检查曲面的线轮廓度误差　　　图 3.27　用角度样板检查角度

六、锉削时的注意事项

①进行锉削练习时,要保持锉削姿势正确,随时纠正不正确的姿势和动作;

②为保证加工表面光洁,在锉削钢件时,必须经常用钢丝刷清除嵌入锉刀齿纹内的锉屑,并在齿面上涂上粉笔灰;

③在加工时要防止片面性,要保证工件的全部表面达到精度要求;

④测量时要先将工件倒钝锐边,去毛刺,保证测量的准确性;

⑤锉刀柄要装牢,不准使用锉刀柄有裂纹的锉刀和无锉刀柄的锉刀;

⑥不准用嘴吹锉屑,也不准用手清理锉屑;

⑦锉刀放置时不得露出钳台边;

⑧夹持工件已加工表面时,应使用保护垫片,较大工件要加木垫。

七、锉刀的保养

①新锉刀要先用一面,用钝后再用另一面;

②粗锉时,要充分使用锉刀的有效全长,可提高效率,避免锉齿磨损;

③锉刀不可沾油或沾水;

④锉屑嵌入齿缝内要及时清理;

⑤不可锉毛坯件的硬皮及经过淬硬的工件;

⑥锉刀用后必须刷净。

八、锉削文明生产和安全生产知识

①锉刀是右手工具,应放在台钳右边,锉刀柄不可露在钳桌外,以免掉落砸伤脚或损坏

锉刀；

②没有柄的锉刀、锉刀柄已裂开或没有锉刀柄箍的锉刀不可用。

③不能用嘴吹锉屑,也不可用手擦摸锉屑表面。

④锉刀不可作撬棒或手锤用。

第三节 錾 削

用手锤打击錾子对金属进行切削加工的操作方法称为錾削。錾削主要用于不便于机械加工的场合,其作用就是錾掉或錾断金属,使其达到要求的形状和尺寸。它的工作范围包括去除凸缘、毛边,分割材料和錾油槽等,有时也用作较小表面的粗加工。

一、錾削工具

1.錾子

(1)錾子的切削部分及切削角度

錾子由头部、切削部分及錾身三部分组成,头部有一定的锥度,顶端略带球形,以便锤击时作用力容易通过錾子中心线,錾身多呈八棱形,以防止錾子转动。錾子的切削部分由前刀面、后刀面和它们的交线(切削刃)组成。錾削时形成的切削角度有楔角 β、后角 α 和前角 γ。錾削切削角度如图 3.28。

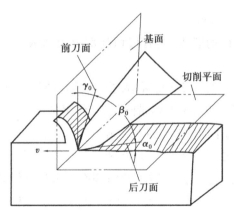

图 3.28 錾削切削角度

前刀面是切屑流经的表面。后刀面是与切削表面相对的表面。切削刃是前刀面与后刀面的交线。基面是通过切削刃上任一点与切削速度垂直的平面。切削平面是遇过切削刃任一点与切削表面相切的平面,图中切削平面与切削表面重合。

(2)錾削时形成的角度

1)楔角 β_0:錾子前刀面与后刀面之间的夹角称为楔角。楔角大小对錾削有直接影响,楔角越大,切削部分强度越高,錾削阻力越大。所以选择楔角大小应在保证足够强度的情况下,尽量取小的数值。以软硬不同材料举例,作不同楔角示范,说明錾硬材料楔角大,软材料楔角小的道理。一般硬材料,钢铸铁,楔角取 60°~70°。錾削中等硬度材料,楔角取 50°~60°。錾削铜、铝软材料,楔角取 30°~50°。

2)后角 α_0:后刀面与切削平面之间的夹角称为后角。錾切平面时,切削平面与已加工表面重合。其后角大小取决于錾削时錾子被掌握的方向。作用是减少后刀面与切削表面之间的摩擦。后角不能过大,否则会使錾子切入过深;后角也不能太小,否则錾子容易滑出工件表面。一般后角为 5°~8°。后角角度如图 3.29 所示。

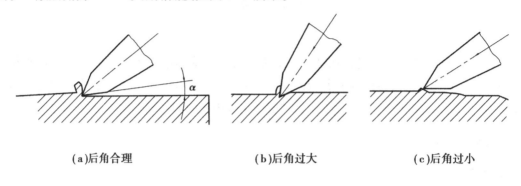

(a)后角合理　　　　　　(b)后角过大　　　　　　(c)后角过小

图 3.29　后角角度

3)前角 γ_0:前刀面与基面之间的夹角称为前角。作用是减少錾削时切屑的变形,减少切削阻力。前角越大,切削越省力。由于基面垂直于切削平面,即 $\alpha+\beta+\gamma=90°$。当后角 α 一定时,前角 γ 的数值由楔角 β 决定。楔角 β 大,则前角 γ 小,楔角 β 小,则前角 γ 大。因此前角在选择楔角后就被确定了。

(3)錾子的材料、种类和构造

1)錾子一般用碳素工具钢锻成,然后将切削部分刃磨成楔形,经热处理后其硬度达到 HRC56~62。

2)种类:钳工常用的錾子如图 3.30。有阔錾(扁錾)、狭錾(尖錾)、油槽錾和扁冲錾四种。

阔錾切削部分扁平,切削刃较宽并略带圆弧,其作用是在平面上錾去微小的凸起部分时,切削刃两边的尖角不易损伤平面的其他部位。扁錾用来去除凸缘、毛边和分割材料等。尖錾的切削刃较短,主要用来錾槽和分割曲线形板料。尖錾切削部分的两个侧面,从切削刃起向柄部逐渐狭小,作用是避免在錾沟槽时錾子的两侧面被卡住,增加錾削阻力和加剧錾子侧面的损坏。油槽錾用来錾削润滑油槽。切削刃很短,呈圆弧形。为在对开式的滑动轴承孔壁錾削油槽,切削部分呈弯曲形状。扁冲錾用于打通两个钻孔之间的间隔。各种錾子的尾部都有一定的锥度,顶端略带球形,錾子容易掌握和保持平稳。

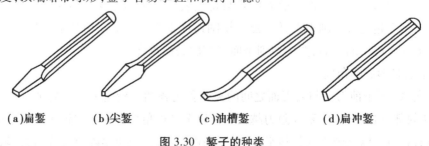

(a)扁錾　　　(b)尖錾　　　(c)油槽錾　　　(d)扁冲錾

图 3.30　錾子的种类

（4）手锤

手锤是钳工常用的敲击工具,由锤头、木柄和楔子组成。如图3.31。手锤的规格以锤头的质量来表示,有0.46 kg、0.69 kg、0.92 kg等。锤头用T7钢制成,并经热处理淬硬。木柄选用比较坚固的木材做成,如檀木、白蜡木等。常用0.69 kg手锤柄长约350 mm,木柄装在锤头中,必须稳固可靠,要防止脱落造成事故。为此,装木柄的孔做成椭圆形,且两端大中间小。木柄敲紧在孔中后,端部再打入楔子可防松动。如图3.32所示。木柄做成椭圆形防止锤头孔发生转动以外,握在手中也不易转动,便于进行准确敲击。

图3.31　手锤

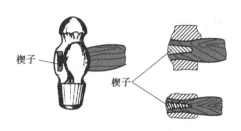

图3.32　锤柄端部打入楔子

二、錾削操作的基本要领

1.手锤的握法

手锤的握法一般有紧握法和松握法。如图3.33所示。紧握法是用右手五指紧握锤柄,大拇指合在食指上,虎口对准锤头方向(木柄椭圆的长轴方向),木柄尾部露出15~30 mm。在挥锤和锤击过程中,五指始终紧握。松握法是只用大拇指和食指始终握紧手柄。在挥锤时,小指、无名指、中指依次放松;在锤击时,又以相反的方向依次收拢握紧。这种握法手不易疲劳,且锤击力大。

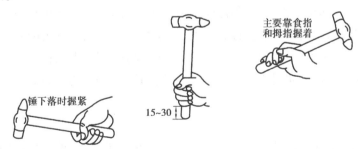

图3.33　手锤的握法

2.錾子的握法

錾子的握法一般有正握法、反握法和立握法三种。正握法如图3.34(a)所示。手心向下,腕部伸直,用中指、无名指握住錾子,小指自然合拢,食指和大拇指作自然伸直地松靠,錾子头部伸出约20 mm。常用于正面錾削、大面积强力錾削等场合。反握法如图3.34(b)所示。手心向上,手指自然捏住錾子,手掌悬空。常用于侧面錾切、剔毛刺及使用较短小的錾子时的场合。立握法如图3.34(c)所示。手心正对胸前,拇指和其他四指骨节自然捏住錾子。常用于在铁砧上錾断材料时的场合。

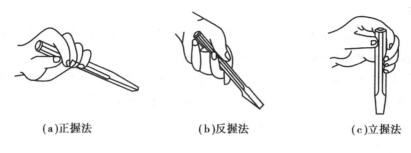

(a)正握法　　　　　　　(b)反握法　　　　　　　(c)立握法

图 3.34　錾子的握法

3.站立姿势

錾削操作时的站立姿势如图 3.35。身体与台虎钳中心线大致成 45°角,且略向前倾,左脚跨前半步,膝盖处稍有弯曲,保持自然,右脚站稳伸直,不要过于用力。

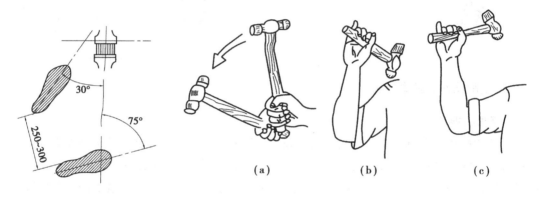

图 3.35　錾削站立姿势　　　　　　　　图 3.36　挥锤方法

4.挥锤方法

錾削操作时的挥锤有腕挥、肘挥和臂挥三种方法。腕挥如图 3.36(a)所示。仅用手腕的动作来进行锤击运动,采用紧握法握锤,一般仅用于錾削余量较少及錾削开始或结尾。肘挥如图 3.36(b)所示。用手腕与肘部一起挥动作锤击运动,采用松握法握锤,因挥动幅度较大,锤击力大,应用最广。臂挥如图 3.36(c)所示。手腕、肘和全臂一起挥动,其锤击力最大,用于需大力錾削的工件。

5.锤击速度

錾削时的锤击稳、准、狠,其动作要一下一下有节奏地进行,一般肘挥时约 40 次/min,腕挥 50 次/min。

手锤敲下去应具有加速度,以增加锤击的力量。手锤从它的质量和手臂供给它速度(v)获得动能计算公式:$W = 1/2(mv^2)$,故手锤质量增加一倍,动能增加一倍,速度增加一倍,动能将是原来的四倍。

6.锤击要领

挥锤时要肘收臂提,举锤过肩,手腕后弓,三指微松,锤面朝天,稍停瞬间。锤击时要目视錾刃,臂肘齐下,收紧三指,手腕加劲,锤錾一线,锤走弧形,左脚着力,右腿伸直。整体要求是:稳、准、狠。稳——速度节奏 40 次/min;准——命中率高;狠——锤击有力。

三、錾削工件的废品分析

錾削工件产生废品种类及原因分析见表 3.4

表 3.4　錾削工件产生废品种类及原因分析

废品种类	原　　因	预防方法
工件变形	1.立握錾,切断时工件下面垫得不平	1.放平工件,较大工件由一人扶持
	2.刃口过厚,将工件挤变形	2.修磨錾子刃口
	3.夹伤	3.较软金属应加钳口铁,夹持力量应适当
工件表面不平	1.錾子楔入工件	1.调好錾削角度
	2.錾子刃口不快	2.修磨錾子刃口
	3.錾子刃口崩伤	3.修磨錾子刃口
	4.锤击力不均	4.注意用力均匀,速度适当
錾伤工件	1.錾掉边角	1.快到尽头时调转方向
	2.起錾时,錾子没有吃进就用力錾削	2.起錾要稳,从角上起錾,用力要小
	3.錾子刃口忽上忽下	3.掌稳錾子,用力平稳
	4.尺寸不对	4.划线时注意检查,錾削时注意观察

四、錾削操作的安全注意事项

①锤头松动、锤柄有裂纹、手锤无楔不能使用,以免锤头飞出伤人。
②握锤的手不准戴手套,锤柄不应带油,以免手锤飞脱伤人。
③錾削工作台应装有安全网,以防止錾削的飞屑伤人。
④錾削脆性金属时,操作者应戴上防护眼镜,以免碎屑崩伤眼睛。
⑤錾子头部有明显的毛翅时要及时磨掉,以免碎裂扎伤手面。
⑥錾削将近终止时,锤击力要轻,以免把工件边缘錾缺而造成废品。
⑦要经常保持錾子刃部的锋利,过钝的錾子不但工作费力,錾出的表面不平整,而且常易产生打滑现象而引起手部划伤的事故。

第四节　钻　孔

钻孔是钳工基本操作技能中的一项重要内容,它主要是利用立钻、台钻和摇臂钻等机械设备,钻头、铰刀等刀具对工件进行内孔的加工。

一、麻花钻

1.麻花钻的组成

麻花钻一般用高速钢(W18Cr4V 或 W9Cr4V2)制成,淬火后硬度达 HRC62～68。它由柄部、颈部及刀体组成,如图 3.37 所示。

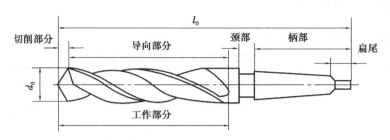

图 3.37　麻花钻的组成

(1)柄部　柄部是钻头的夹持部分,用以定心和传递动力,有锥柄和直柄两种。一般直径小于 13 mm 的钻头做成直柄;直径大于 13 mm 的做成锥柄。

(2)颈部　颈部在磨制钻头时作为退刀槽使用,通常钻头的规格、材料和商标也打印在此处。

(3)刀体　麻花钻的刀体由切削部分和导向部分组成。麻花钻的切削部分有两个刀瓣,主要起切削作用。标准麻花钻的切削部分由五刃(两条主切削刃、两条副切削刃和一条横刃)六面(两个前面、两个后面和两个副后面)构成,如图 3.38 所示。

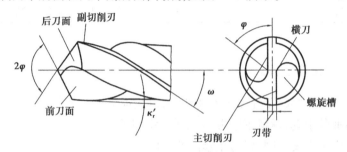

图 3.38　麻花钻切削部分的构成

麻花钻的导向部分用来保持麻花钻钻孔时的正确方向并修光孔壁,重磨时可作为切削部分的后备部分。两条螺旋槽的作用是形成切削刃,便于容屑、排屑和输入切削液。外缘处两条棱带的直径略有倒锥[(0.05~0.1 mm)/100 mm],用于导向和减少孔壁的摩擦。

2.麻花钻的主要角度

麻花钻的切削角度如图 3.39 所示,各角度的作用及特点见表 3.5。

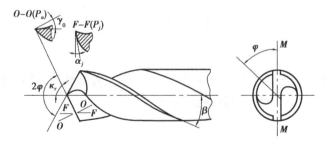

图 3.39　麻花钻的切削角度

表 3.5 麻花钻切削角度的作用及特点

切削角度	作用及特点
前角 γ_0	前角的大小决定着切除材料的难易程度和切屑。前角越大,切削越省力。主切削刃上各点前角不同:近外缘处最大,可达 $\gamma_0 = 30°$。自外向内逐渐减小,在钻心至 $D/3$ 范围内为负值;横刃处 $\gamma_0 = -60° \sim -54°$;接近横刃处的前角 $\gamma_0 = -30°$。
主后角 α_0	主后角的作用是减少麻花钻后面与切削平面间的摩擦。主切削刃上各点的主后角也不同:外缘处较小,自外向内逐渐增大。直径 $D = 15 \sim 30$ mm 的麻花钻,外缘处 $\alpha_0 = 9° \sim 12°$;钻心处 $\alpha_0 = 20° \sim 26°$;横刃处 $\alpha_0 = 30° \sim 60°$。
顶角 2φ	顶角影响主切削刃上轴向力的大小。顶角越小,轴向力越小,外缘处刀尖角 ε 越大,不利于散热和延长钻头使用寿命。但在相同条件下,钻头所受转矩增大,切削变形加剧,排屑困难,不利于润滑。顶角的大小一般根据麻花钻的加工条件而定。标准麻花钻的顶角 $2\varphi = 118° \pm 2°$。顶角对主切削刃形状的影响如图 5.4 所示。
横刃斜角	横刃斜角在刃磨钻头时自然形成,其大小与主后角有关。主后角大,则横刃斜角小,横刃较长。标准麻花钻的横刃斜角由 $50° \sim 55°$。

二、标准麻花钻的特点

①横刃较长,横刃前角为负值。切削中,横刃处于挤刮状态,产生很大的轴向抗力,同时横刃长了,定心作用不良,使钻头容易发生抖动。

②主切削刃上各点的前角大小不一样,使切削性能不同。靠近钻心处的前角是负值,切削处于挤刮状态。

③钻头的棱边较宽,又没有副后角,所以靠近切削部分的棱边与孔壁的摩擦比较严重,容易发热和磨损。

④主切削刃外缘处的刀尖角较小,前角很大,刀齿薄弱,而此处的切削速度又最高,故产生的切削热最多,磨损极为严重。

⑤主切削刃长,而且全宽参加切削,各点切屑流出的速度相差很大,切屑卷曲成很宽的螺旋卷,所占体积大,容易在螺旋槽内堵塞,排屑不顺利,切削液也不易加注到切削刃上。

三、麻花钻的刃磨方法

①右手握住钻头的头部,左手握住钻头的柄部。

②钻头与砂轮轴线的夹角 $\varphi = 58° \sim 60°$,如图 3.40(a)所示。

③钻身向下倾斜约 $8° \sim 15°$ 的角度,如图 3.40(b)所示。

④使主切削刃略高于砂轮水平中心,先接触砂轮,右手缓慢地使钻头绕自身的轴线由下向上转动,刃磨压力逐渐加大,这样便于磨出后角,其下压速度及幅度随后角的大小而变化。刃磨时两手动作的配合要协调,两后面经常轮换,直到符合要求为止,随后如图 3.41 所示用样板检查刃磨角度。

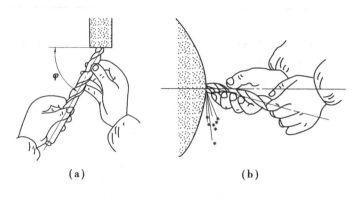

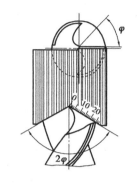

(a)   (b)

图 3.40   刃磨麻花钻的方法   图 3.41   用样板检查刃磨角度

⑤钻头横刃的刃磨方法:对于直径在 6 mm 以上的钻头必须修短横刃,并适当增大近横刃处的前角,修磨横刃时钻头与砂轮的相对位置如图 3.42 所示,钻头轴线在水平面内与砂轮侧面左倾约 15°夹角,在垂直平面内与刃磨点的砂轮半径方向约成 55°下摆角。

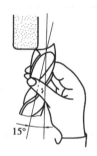

图 3.42   横刃的修磨方法

⑥钻头刃磨压力不宜过大,并要经常蘸水冷却,以防止退火。

四、台式钻床

如图 3.43 所示为 Z4012 型台式钻床,其最大钻孔直径为 12 mm。由如下几部分组成:

①机头 3 安装在立柱 10 上,用锁紧手柄 7 进行锁紧。主轴 5 装在机头孔内,主轴下端的螺母 4 供更换或卸下钻夹头时使用。

②立柱 10 的截面为圆形,它的顶部是机头升降机构。当机头靠旋转摇把 1 升到所需高度后,应将锁紧手柄 7 旋紧,将机头锁住。

③松开螺钉 11,可推动电动机托板带动电动机前后移动,借以调节 V 带的松紧。改变 V 带在塔式带轮轮槽中的位置,可以改变钻床的转速。

④底座 8 的中间有一条 T 形槽,用于装夹工件或夹具。四角有安装用的螺栓孔。

⑤电气部分操作转换开关 13(又称倒顺开关)可使主轴正、反转或停机。

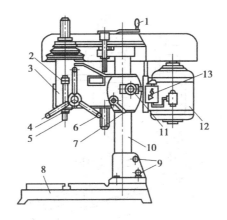

图 3.43　Z4012 型台式钻床

1—摇把；2—挡块；3—机头；4—螺母；5—主轴；6—进给手柄；7—锁紧手柄

8—底座；9—螺栓；10—立柱；11—螺钉；12—电动机；13—转换开关

五、立式钻床

立式钻床（简称立钻）是钻床中较为普通的一种，结构比较完善，适用于小批量、单件的中型工件的孔加工。如图 3.44 所示为 Z5030 型立式钻床，其最大钻孔直径为 30 mm。由如下几部分组成：

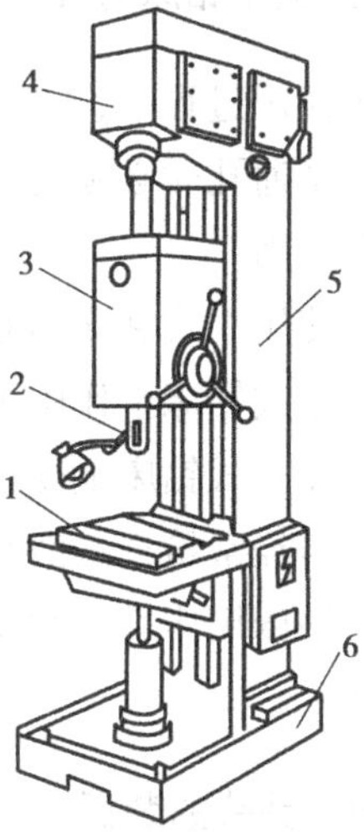

①主轴箱 1 位于机床的顶部，主电动机安装在它的上面。主轴箱右侧有一个变速手柄，参照机床的变速标牌，转动手柄能使主轴获得 6 级不同的转速。

②进给箱 2 位于主轴箱的下方。按变速标牌指示转动进给箱右侧的手柄，能够获得所需的机动进给速度。

③在进给箱的右侧有三星式进给手柄 3，这个手柄连同箱内的进给装置称为进给机构。用它可以选择机动进给、手动进给、超越进给或攻螺纹进给等不同操作方式。

④转动升降手柄，可使工作台沿床身立柱做升降运动。

⑤机床上装有圆形立柱和方形工作台，方形工作台除可升降外，还可绕本身及立柱轴线回转，故在一次装夹中可加工几个孔。较大型工件还可直接放在底座上加工。

⑥按下按钮可使主轴正、反转或停机。

图 3.44　Z5030 型立式钻床图

1—工作台；2—主轴；3—进给箱；

4—主轴箱；5—立柱；6—底座

六、摇臂钻床

摇臂钻床是靠移动钻床的主轴来对准工件上孔的中心的，所以加工时比立式钻床方便。适用于加工大型工件和多孔工件。如图 3.45 所示为 Z3040 型挥臂钻床。其最大钻孔直径为 40 mm。

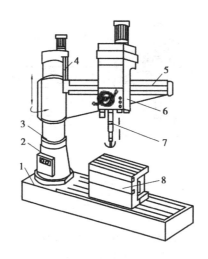

图 3.45　Z3040 型摇臂钻床

1—底座;2—内立柱;3、4—外立柱;

5—摇臂;6—主轴箱;7—主轴;8—工作台

七、使用钻床时应注意事项

①使用过程中,工作台台面必须保持清洁。

②钻通孔时必须使钻头能通过工作台台面上的让刀孔,或在工件下面垫上垫铁以免钻坏工作台台面。

③使用立式钻床前必须先空转试车,在机床各机构都能正常工作时才可操作。

④立式钻床工作中不采用机动进给时,必须将进给手柄端盖向里推,断开机动进给。

⑤在立式钻床上变换主轴转速或机动进给量时,必须停车后进行。

⑥需经常检查润滑系统的供油情况。

⑦钻床用毕后必须将机床外露滑动面及工作台台面擦净,并对各滑动面及各注油孔加注润滑油。

八、钻头的装拆

1.直柄钻头的装拆

直柄钻头用钻夹头夹持,首先将钻头柄塞入钻夹头的 3 个卡爪内,其夹持长度不能小于 15 mm,然后用钻夹头钥匙旋转外套,使环形螺母带动 3 个卡爪移动,做夹紧或放松动作。直柄钻头的装拆如图 3.46 所示。

2.锥柄钻头的装拆

锥柄钻头用柄部的莫氏锥体直接与钻床主轴连接。连接时,应使矩形舌部的长方向与主轴上的腰形孔中心线方向一致,用加速冲力一次装接,如图 3.47(a)所示。当钻头锥柄小于主轴锥孔时,可加过渡锥套连接,如图 3.47(b)所示。拆卸时,应把斜铁敲入过渡锥套

图 3.46　直柄钻头的装拆

或钻床主轴上的腰形孔内,斜铁带圆弧的一边要放在上面,利用斜铁斜面的张紧分力,使钻头与过渡锥套或主轴分离,如图 3.47(c)所示。

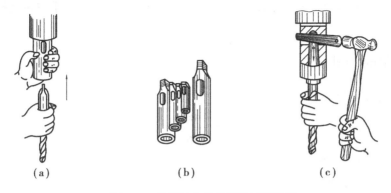

(a)　　　　　　　　(b)　　　　　　　　(c)

图 3.47　锥柄钻头的装拆及过渡锥套

九、各类工件在钻床上的装夹方法

①平整的工件用机床用平口虎钳装夹。装夹时,工件表面与钻头垂直,钻直径大于 8 mm 的孔时,必须将平口虎钳用螺栓或压板固定,如图 3.48(a)所示。

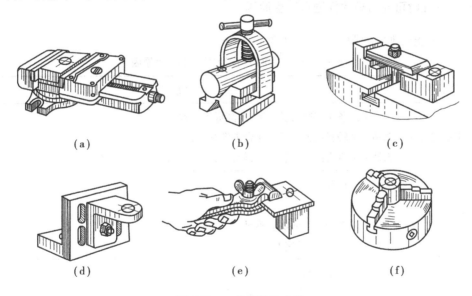

(a)　　　　　　　　(b)　　　　　　　　(c)

(d)　　　　　　　　(e)　　　　　　　　(f)

图 3.48　工件的装夹方法

②圆柱形工件可用 V 形架装夹。装夹时,应使钻头中心线与 V 形架两斜面的对称平面重合,如图 3.48(b)所示;还可用三爪自定心卡盘装夹,如图 3.48(f)所示。

③当工件较大且钻孔直径在 10 mm 以上时,可用压板和螺栓装夹工件。装夹时,压板和螺栓应尽量靠近工件,垫铁应比工件压紧表面的高度稍高,以保证对工件有较大的压紧力,当压紧面已加工时,应垫上衬垫防止压伤工件,如图 3.48(c)所示。

④对于底面不平或加工基准在侧面的工件,可用角铁进行装夹,并将角铁用压板固定在钻床工作台上,如图3.48(d)所示。

⑤在小型工件或薄板件上钻小孔时,可将工件放置在定位块上,用手虎钳夹持,如图3.48(e)所示。

十、选择钻床的转速

钻床转速的计算公式为:

$$n = \frac{1\ 000v}{\pi d}$$

式中　d——钻头直径,mm;

　　　v——切削速度,m/min。

用高速钢钻头钻铸铁件时,$v=14\sim22$ m/min;钻钢件时,$v=16\sim24$ m/min;钻青铜或黄铜时,$v=30\sim60$ m/min。工件材料硬度和强度较高时,转速取较小值。钻头直径较小时,转速也取较大值(以$\phi16$ mm为中间值);钻孔深度$L>3D$时,还应将所取值乘以$0.7\sim0.8$的修正系数。

十一、钻孔时可能出现的问题和产生原因

钻孔时可能出现的问题和产生原因见表3.6。

表3.6　钻孔时可能出现的问题和产生原因

出现问题	产生原因
孔径大于规定尺寸	1.钻头两条主切削刃长度不等,高低不一致 2.钻床主轴径向偏摆或工作台未锁紧,有松动 3.钻头本身弯曲或未装夹好,使钻头有过大的径向跳动现象
孔壁粗糙	1.钻头不锋利 2.进给量太大 3.切削液选用不当或供应不足 4.钻头过短,排屑槽堵塞
孔位偏移	1.工件划线不正确 2.钻头横刃太长,定心不准,起钻过偏而没有校正
孔歪斜	1.工件上与孔垂直的平面与主轴不垂直,或钻床主轴与工作台台面不垂直 2.装夹工件时,安装面上的切屑未清除干净 3.工件装夹不牢,钻孔时产生歪斜,或工件有砂眼 4.进给量过大,使钻头产生弯曲变形
钻出孔呈多角形	1.钻头后角太大 2.钻头两条主切削刃长短不一,角度不对称

出现问题	产生原因
钻头工作 部分折断	1.钻头用钝后仍继续钻孔 2.钻孔时未经常退钻排屑,使切屑在钻头螺旋槽内阻塞 3.孔将钻穿时没有减小进给量 4.进给量过大 5.工件未夹紧,钻孔时产生松动 6.在钻黄铜一类软金属时钻头后角过大,前角又没有修磨小,造成扎刀现象
切削刃迅速 磨损或碎裂	1.切削速度太高 2.没有根据工件材料的硬度来刃磨钻头角度 3.工件表面或内部硬度高、有砂眼 4.进给量过大 5.切削液不足

十二、钻孔时的文明生产与安全注意事项

①用钻夹头装夹钻头时要用钻夹头钥匙,不可用扁铁和锤子敲击,以免损坏钻夹头和影响钻床主轴精度。装夹工件时,必须做好装夹面的清洁工作。

②钻孔时,手的进给压力应根据钻头的工作情况,以目测和感觉进行控制,在练习中应注意掌握。

③钻头用钝后必须及时修磨。

④操作钻床时禁止戴手套,袖口必须扎紧,女生必须戴工作帽。

⑤开动钻床前,应检查是否有钻夹头钥匙和斜铁插在主轴上。

⑥工件必须夹紧,通孔将要钻穿时,应由自动进给改为手动进给,并要尽量减小进给力。

⑦钻孔时不可用手、棉纱清除切屑,也不可用嘴吹,必须用毛刷清除;钻出长切屑时应用钩子钩断后清除;钻头上绕有长切屑时应停机清除,严禁用手拉或用铁棒敲击。

⑧操作者的头部不能与旋转着的主轴靠得太近,停机时应让主轴自然停止,不可用手刹住,也不能用反转制动。

⑨严禁在钻床运转状态下装卸工件、检验工件和变换主轴转速。

第五节 扩孔、锪孔和铰孔

一、扩孔

扩孔是用扩孔钻对工件上原有的孔进行扩大加工的方法称为扩孔,如图3.49所示。扩孔加工质量较高,一般公差等级可达 IT9~IT10 级,表面粗糙度 R_a 值可达 12.5~3.2 μm,常作为孔的半精加工及铰孔前的预加工。

由图 3.49 可知,扩孔时背吃刀量 a_p 为:

$$a_p = \frac{D - d}{2}$$

式中　D——扩孔后的直径,mm;

　　　　d——扩孔前的直径,mm。

扩孔的特点:

①扩孔钻无横刃,避免了横刃切削所引起的不良影响。

②背吃刀量较小,切屑易排出,不易擦伤已加工表面。

③扩孔钻强度高,齿数多,导向性好,切削稳定,可使用较

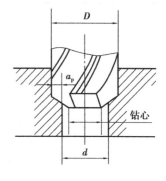

图 3.49　扩孔

大的切削用量,提高了生产效率。

④加工质量较高。一般公差等级可达 IT9 ~ IT10 级,表面粗糙度 R_a 值可达 12.5 ~ 3.2 μm,常作为孔的半精加工及铰孔前的预加工。

二、锪孔

锪孔是指在已加工的孔上加工圆柱形沉头孔、锥形沉头孔和凸台断面的一种金属加工方法。锪孔时使用的刀具称为锪钻,一般用高速钢制造。

锪孔的形式有:锪柱形沉头孔,如图 3.50(a)所示;锪锥形沉头孔,如图 3.50(b)所示;锪孔端平面,如图 3.50(c)所示。

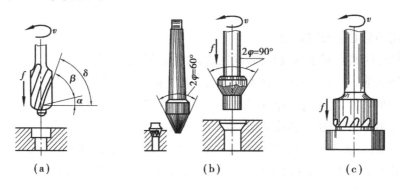

(a)　　　　　　　　　(b)　　　　　　　　　(c)

图 3.50　锪孔

锪孔的作用主要是:在工件的连接孔端锪出柱形或锥形沉头孔,用沉头螺钉埋入孔内把有关零件连接起来,使外观整齐,结构紧凑;将孔口端面锪平,并与孔中心线垂直,能使连接螺栓(或螺母)的端面与连接件保持良好接触。

三、铰孔

铰孔是铰刀从工件孔壁上切除微量金属层,以提高其尺寸精度和孔表面质量的方法。铰孔是孔的精加工方法之一,在生产中应用很广。对于较小的孔,相对于内圆磨削及精镗而言,铰孔是一种较为经济实用的加工方法。

（一）铰刀

1.铰刀的组成

铰刀由柄部、颈部和工作部分组成,如图 3.51 所示为整体式圆柱铰刀。工作部分为切削部分和校准部分。切削部分担负切去铰孔余量的任务。校准部分有棱边,主要起定向、修光孔壁、保证铰孔直径和便于测量等作用。

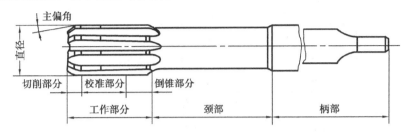

图 3.51　整体式圆柱铰刀

为了减小铰刀与孔壁的摩擦,校准部分磨出倒锥。铰刀齿数一般为 4~8 齿,为测量直径方便,多采用偶数齿。

2.铰刀的种类

铰刀常用高速钢或高碳钢制成,使用范围较广,铰刀的基本类型如图 3.52 所示。各种铰刀的结构特点及应用见表 3.7。

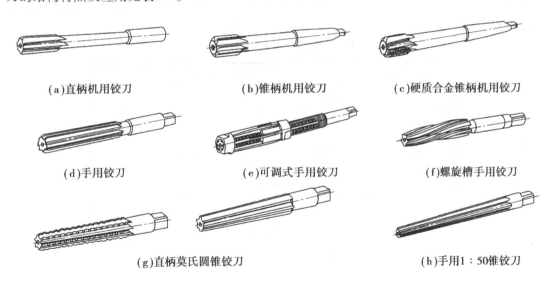

（a）直柄机用铰刀　　　　　（b）锥柄机用铰刀　　　　　（c）硬质合金锥柄机用铰刀

（d）手用铰刀　　　　　（e）可调式手用铰刀　　　　　（f）螺旋槽手用铰刀

（g）直柄莫氏圆锥铰刀　　　　　（h）手用 1∶50 锥铰刀

图 3.52　铰刀的基本类型

表 3.7　各种铰刀的结构特点及应用

分　类		结构特点及应用
按使用方法	手用铰刀	柄部为方榫形,以便于套入铰杠。其工作部分较长,切削锥角较小
	机用铰刀	工作部分较短,切削锥角较大

续表

分　类		结构特点及应用
按结构	整体式圆柱铰刀	用于铰削标准直径系列的孔
	可调式手用铰刀	用于单件生产和修配工作中需要铰削的非标准孔
按外部形状	直槽铰刀	用于铰削普通孔
	锥铰刀 1:10 锥铰刀	用于铰削联轴器上与锥销配合的锥孔
	莫氏圆锥铰刀	用于铰削 0~6 号莫氏锥孔
	1:30 锥铰刀	用于铰削套式刀具上的锥孔
	1:50 锥铰刀	用于铰削圆锥定位销孔
	螺旋槽铰刀	用于铰削有键槽的内孔
按切削部分材料	高速钢铰刀	用于铰削各种碳钢或合金钢
	硬质合金铰刀	用于较高速度或硬材料的铰削

(二)铰削用量的选择

1.铰削余量

铰削余量(直径余量)是指上道工序完成后在直径方向留下的加工余量,其具体数值可参见表3.8 选取。在一般情况下,对 IT9 和 IT8 级的孔可一次铰出;对 IT7 级的孔,应分粗铰和精铰;对孔径大于 20 mm 的孔,可先钻孔,再扩孔,然后进行铰孔。

表 3.8　铰孔余量

铰刀直径/mm	铰削余量/mm
≤6	0.05~0.1
>6~18	一次铰:0.1~0.2 二次铰中的精铰:0.1~0.15
>18~30	一次铰:0.2~0.3 二次铰中的精铰:0.1~0.15
>30~50	一次铰:0.3~0.4 二次铰中的精铰:0.15~0.25

注:二次铰时,粗铰余量可以取一次铰削时余量的较小值。

2.铰削余量的大小对铰孔质量影响

铰削余量是否合适,对铰出孔的表面粗糙度和精度影响很大。如余量太大,会使精度降低,表面粗糙度值增大,同时加剧铰刀的磨损;铰孔余量太小,则不能去掉上道工序留下的刀痕,也达不到所要求的表面粗糙度。

3.机铰时切削速度口的选择

机铰时为了获得较小的表面粗糙度值,必须避免产生积屑瘤,减少切削热及变形,应取较低的切削速度。用高速钢铰刀铰钢件时,$v=4~8$ m/min;铰铸铁件时,$v=6~8$ m/min;铰铜件时，$v = 8 \sim 12 \ \text{m/min}$。

(三)铰孔方法

1.手铰法

如图 3.53(a)所示，用手铰法起铰时，可用右手通过铰孔轴线施加进刀压力，左手转动铰刀。正常铰削时，两手要用力均匀、平稳地旋转，不得有侧向压力，同时适当加压，使铰刀均匀地进给，以保证铰刀正确引进和获得较小的表面粗糙度值，并避免孔口铰成喇叭形或将孔径扩大。

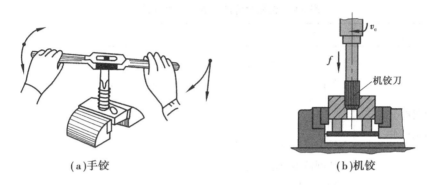

(a)手铰   (b)机铰

图 3.53 铰孔

2.机铰法

如图 3.53(b)所示进行机铰时，应使工件一次装夹后进行钻孔、扩孔、铰孔工作，以保证铰刀中心线与钻孔中心线一致。铰削完毕，要在铰刀退出后再停车，以防止在孔壁拉出痕迹。

3.锥孔的铰削

铰削尺寸较小的圆锥孔时，可先按小端直径并留取圆柱孔精铰余量后钻出圆柱孔，然后用锥铰刀铰削即可。对尺寸和深度较大的锥孔，为减小铰削余量，铰孔前可先钻出台阶孔(见图 3.54)，然后再用铰刀铰削。铰削过程中要经常用相配的锥销检查铰孔尺寸，如图 3.55所示。

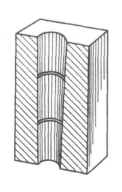
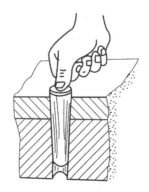

图 3.54 钻出台阶孔   图 3.55 用锥销检查铰孔尺寸

铰削时必须选用适当的切削液来减小摩擦并降低刀具和工件的温度，防止产生积屑瘤，并且避免切屑细末黏附在铰刀切削刃上及孔壁和铰刀的刃带之间，从而减小加工表面的表面粗糙度值与孔的扩大量。

(四)铰孔质量的检验及铰孔时可能出现的问题和产生原因

1.铰孔质量的检验

(1)孔径尺寸的检验　孔径尺寸可用内径千分尺进行测量。测量时,注意多换几个位置以保证其准确性。

(2)表面粗糙度的检验　用表面粗糙度对照块进行比较。

2.铰孔时可能出现的问题和产生原因

铰孔时可能出现的问题和产生原因见表3.9。

表 3.9　铰孔时可能出现的问题和产生原因

出现问题	产生原因
表面粗糙度达不到要求	1.铰刀刃口不锋利或有崩裂处,铰刀切削部分和修整部分不光洁 2.切削刃上粘有积屑瘤,容屑槽内切屑存留过多 3.铰削余量太大或太小 4.切削速度太高,以致产生积屑瘤 5.铰刀退出时反转,手铰时铰刀旋转不平稳 6.切削液不充足或选择不当 7.铰刀偏摆过大
孔径扩大	1.铰刀与孔的中心不重合,铰刀偏摆过大 2.进给量和铰削余量太大 3.切削速度太高,使铰刀温度上升,直径增大 4.操作粗心(未仔细检查铰刀直径和铰孔直径)
孔径缩小	1.铰刀超过磨损标准,尺寸变小后仍继续使用 2.铰刀磨钝后还继续使用,造成孔径过度收缩 3.铰钢料时加工余量太大,铰好后因内孔弹性复原而使孔径缩小 4.铰铸铁时加了煤油
孔中心不直	1.铰孔前的预加工孔不直,铰小孔时由于铰刀刚度低,未能使原有的弯曲程度得到纠正 2.铰刀的切削锥角太大,导向不良,使铰削时方向发生偏斜 3.手铰时两手用力不均匀
孔呈多棱形	1.铰削余量太大,铰刀切削刃不锋利,使铰削时发生"啃切"现象,发生振动而出现多棱形 2.钻孔不圆,使铰孔时铰刀发生弹跳现象 3.钻床主轴振摆太大

第六节 攻、套螺纹

一、攻螺纹

螺纹除用机械加工外,可由钳工在装配与修理工作中用手工加工而成。用丝锥在孔中切削出内螺纹的加工方法称为攻螺纹。

1.攻螺纹用的工具

（1）丝锥

丝锥分为手用丝锥和机用丝锥两种,如图3.56所示。

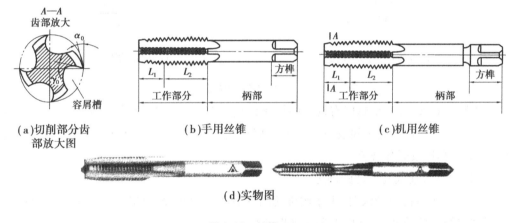

(a)切削部分齿　　(b)手用丝锥　　　　　　(c)机用丝锥
部放大图

(d)实物图

图3.56　丝锥

1)丝锥的结构

丝锥由柄部和工作部分组成。柄部是攻螺纹时被夹持的部分,起传递转矩的作用。工作部分由切削部分 L_1 和校准部分 L_2 组成,切削部分的前角 $\gamma_0 = 8° \sim 10°$,后角 $\alpha_0 = 6° \sim 8°$,起切削作用。校准部分有完整的牙型,用来修光和校准已切出的螺纹,并引导丝锥沿轴向前进。

2)成组丝锥

攻螺纹时,为了减小切削力并延长丝锥的使用寿命,一般将整个切削工作分配给几支丝锥来承担。通常 M6~M24 的丝锥每组有两支;M6 以下及 M24 以上的丝锥每组有三支;细牙螺纹丝锥为两支一组。

（2）铰杠

铰杠是手工攻螺纹时用来夹持丝锥的工具。铰杠分为普通铰杠（见图3.57(a)、(b)）和丁字形铰杠（见图3.57(c)、(d)）两类。每类铰杠又有固定式和可调式两种。

2.攻螺纹前底孔直径与孔深的确定

（1）攻螺纹前底孔直径的确定

攻螺纹之前的底孔直径应稍大于螺纹小径,如图3.58(a)所示。一般应根据工件材料的塑性和钻孔时的扩胀量来考虑,使攻螺纹时既有足够的空隙容纳被挤出的材料,又能保证加工出来的螺纹具有完整的牙型。

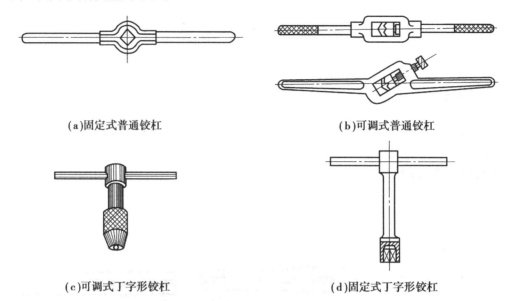

（a)固定式普通铰杠　　　　　　　　　　（b)可调式普通铰杠

（c)可调式丁字形铰杠　　　　　　　　　　（d)固定式丁字形铰杠

图 3.57　铰杠

　　攻螺纹时,丝锥对金属层有较强的挤压作用,使攻出螺纹的小径小于底孔直径,此时,如果螺纹牙顶与丝锥牙底之间没有足够的容屑空间,丝锥就会被挤压出来的材料箍住,易造成崩刃、折断和螺纹烂牙现象。

　　(2)攻螺纹前底孔深度的确定

　　攻不通孔(盲孔)螺纹时,由于丝锥切削部分不能攻出完整的螺纹牙型,所以钻孔深度要大于螺纹的有效长度,其深度的确定如图 3.58(b)所示。

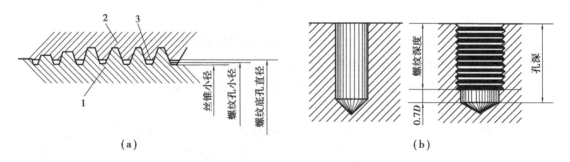

图 3.58　螺纹底孔直径及深度的确定

1—丝锥;2—工件;3—挤压出的金属

　　钻孔深度的计算公式为:

$$H_{深} = h_{有效} + 0.7D$$

式中　$H_{深}$——底孔深度,mm;

　　　　$h_{有效}$——螺纹有效长度,mm;

　　　　D——螺纹大径,mm。

3.攻螺纹的基本步骤

（1）将孔口倒角,以便于丝锥能顺利切入,攻螺纹的基本步骤如图 3.59 所示。

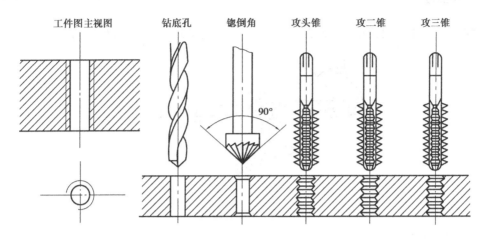

图 3.59　攻螺纹的基本步骤

（2）起攻时,可一手用手掌按住铰杠中部,沿丝锥轴线用力加压,另一手配合做顺向旋进,如图 3.60（a）所示;或两手握住铰杠两端均匀施压,并将丝锥顺向旋进,保证丝锥中心线与孔中心线重合,如图 3.60（b）所示。

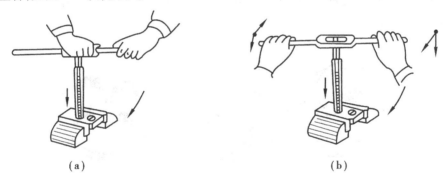

（a）　　　　　　　　　　　　　　　　　　（b）

图 3.60　起攻方法

（3）当丝锥攻入 1～2 圈时,应检查丝锥与工件表面的垂直度,并不断校正,如图 3.61 所示。丝锥的切削部分全部进入工件时,要间断性地倒转 1/4～1/2 圈,进行断屑和排屑。

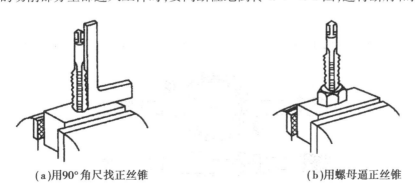

（a）用90°角尺找正丝锥　　　　　　　　　　　（b）用螺母逼正丝锥

图 3.61　检查丝锥与工件表面的垂直度

（4）头攻攻完后，再用二攻、三攻依次攻削至标准尺寸。

二、套螺纹

用圆板牙在圆杆上切削出外螺纹的加工方法称为套螺纹，如图 3.62 所示。

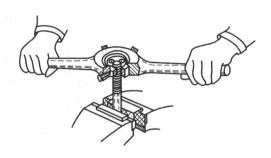

图 3.62　套螺纹

1.套螺纹工具

套螺纹工具主要有圆板牙和板牙架。

（1）圆板牙

圆板牙是加工外螺纹的工具，它用合金工具钢或高速钢制作并经淬火处理，如图 3.63 所示。圆板牙由切削部分、校准部分和排屑孔组成。圆板牙两端面都有切削部分，待一端磨损后，可换另一端使用。

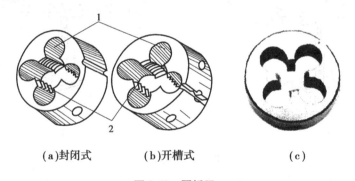

（a)封闭式　　　（b)开槽式　　　　　　（c)

图 3.63　圆板牙

1—排屑孔；2—切削部分

（2）板牙架

板牙架是装夹圆板牙的工具，如图 3.64 所示。圆板牙放入后，需用螺钉紧固。

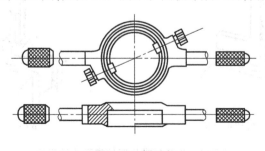

图 3.64　板牙架

2.套螺纹前圆杆直径的确定

套螺纹时,金属材料因受圆板牙的挤压而产生变形,牙顶将被挤高,所以套螺纹前圆杆直径应稍小于螺纹大径。圆杆直径的计算公式为:

$$d_{杆} = d - 0.13P$$

式中 $d_{杆}$——套螺纹前圆杆直径,mm;

d——螺纹大径,mm;

P——螺距,mm。

【例3.1】 分别计算在钢件和铸铁件上攻M10螺纹时的钻底孔钻头直径各为多少?攻不通螺纹,其螺纹有效深度为60 mm,求底孔深度为多少?

解 M10螺纹的$P=1.5$ mm。

1.在钢件上攻螺纹时的钻底孔所用钻头直径为

$$D_{钻} = D - P = 10 - 1.5 = 8.5 \text{ mm}$$

2.在铸铁件上攻螺纹时的钻底孔所用钻头直径为

$$D_{钻} = D - (1.05 \sim 1.1)P$$
$$= 10 - (1.05 \sim 1.1) \times 1.5$$
$$= 10 - (1.575 \sim 1.65)$$
$$= 8.35 \sim 8.425 \text{ mm}$$

取$D_{钻}=8.4$ mm(按钻头直径标准系列取一位小数)。

3.底孔深度为

$$H_{钻} = h_{有效} + 0.7D = 60 + 0.7 \times 10 = 67 \text{ mm}$$

第 **2** 部分
技能训练

课题 4

钳工专项技能训练

项目一 平面划线

一、相关的工艺知识

1.划线的作用

(1)确定工件上各加工面的加工位置和加工余量。

(2)可全面检查毛坯的形状和尺寸是否符合图样,是否满足加工要求。

(3)当在坯料上出现某些缺陷的情况下,往往可通过划线时的所谓"借料"方法,来实施一定的补救。

(4)在板料上按划线下料,可做到正确排料,合理使用材料。

2.划线的单位

为了方便,图样上无特殊说明的以毫米为单位,但不标注单位符号。

3.划线常用的工具及使用方法

(1)钢直尺:是一种简单的尺寸量具。主要用来量取尺寸,测量工件,也可以作划线时的导向工具。

(2)划线平台(又称划线平板):由铸铁制成,表面经过精刨或刮削加工。一般用木架搁置,平台处于水平状态。

注意要点:平台表面应保持清洁,工件和工具要轻拿轻放,不可损伤其工作面,用后要擦拭干净,并涂上机油防锈。

(3)划针:用来在工件上划线条,由弹簧钢丝或高速钢制成,直径一般为$\phi 3 \sim 5$ mm,尖端磨成$15° \sim 20°$的尖角。有的在尖端焊有硬质合金,耐磨性更好。

注意要点:划线时针尖要紧靠导向工具的边缘,上部向外侧倾斜$15° \sim 20°$向划线移动方向倾斜约$45° \sim 75°$;针尖要保持尖锐,划线尽量要一次划成,使划出的线条即清晰有准确;不用时,划针不能插在衣袋中,最好套上塑料管不使针尖外露。

（4）划线盘：用来在划线平台上对工件进行划线或找正工件在平台上的正确位置放置。划针的直头端用来划线，弯头端用于对工件安放位置的找正。

注意要点：划线时应尽量使划针处于水平位置，不要倾斜太大，划针伸出部分要尽量短，并夹持牢固，以免震动和变动。划较长直线时，应采用分段连接法，以便对首尾校对检查。划线盘用后应使划针处于水平状态，保证安全和减少所占的空间。

（5）游标高标尺：附有划针脚，能直接表示高度尺寸，其读数精度一般为 0.02 mm 并可以作为精密划线工具。

（6）划规：用来划圆和圆弧、等分线段、等分角度以及量取尺寸等。

注意要点：划规的两脚的长短要稍有不同，合拢时脚尖能靠紧，才可划出小圆弧。脚尖应保持尖锐，才能划出清晰线条；划圆时作为旋转中心的一脚应加以较大的压力，另一脚以较轻的压力在工件表面上划出圆或圆弧，以免中心滑动。

（7）样冲：用于在工件所划加工线条上打样冲眼（冲点），作加强界限标志和作划圆弧或钻孔时的定位中心。一般用工具钢制成，尖端处淬硬，其顶尖角度在用于加强界限标记时约为 40°，用于钻孔定心时约取 60°。

注意要点：先将样冲外倾使尖端对准线的中心，然后再将样冲立直冲点。冲点位置要准确，不可偏离线条；曲线上冲点距离要小；在线条的交叉转折处必须冲点；冲点深浅要掌握适当，在薄壁上或光滑表面上冲点要浅，粗糙表面要深。

（8）90°角尺：再划线时常用作划平行线或垂直线的导向工具，也可用来找正工件平面在平台上的垂直位置。

（9）万能角度尺：常用作划角度线。

4.划线的涂料

为了使线条清楚，一般要在工件划线部位涂上一层薄而均匀的涂料。表面粗糙的铸、锻件毛坯上用石灰水（常在其中加入适量的牛皮胶来增加附着力）；已加工的表面要用酒精色溶液（在酒精中加漆片和紫蓝颜料配成）和硫酸铜溶液。

5.平面划线时基准线的确定

（1）平面划线时的基准形式：以两个互相垂直的平面（或直线）为基准；以两条互相垂直的中心线为基准；以一个平面和一条中心线为基准。平面划线一般选择两个划线基准。

（2）基准线的确定：划线基准应与设计基准一致，并且划线时必须从基准线开始，也就是说先确定好基准线的位置，然后在划其他形面的位置线及形状线。

二、工件图

1.操作步骤

步骤一：准备好所用的划线工具，并对实习件进行清理和划线表面涂色。

步骤二：熟悉各图形划法，并按各图应采取的划线基准及最大轮廓尺寸安排各图基准线在实习件上的合理位置。

步骤三：按图示依次完成划线（图中不注尺寸，作图线可保留）。

步骤四：对图形、尺寸复检校对，确认无误后，在图中的 φ26 mm 孔、尺寸 45 mm 的长腰孔及 30°的弧形腰孔的线条上，敲上检验样冲眼。

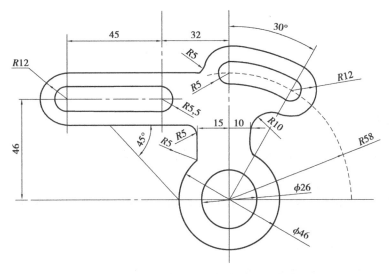

图 4.1　连接滑板

2.注意事项

(1)为熟悉各图形的作图方法,实习操作前可做一次纸上练习。

(2)划线工具的使用方法及划线动作必须掌握正确。

(3)学习的重点是如何才能保证划线尺寸的准确性、划出线条细而清楚及冲点的准确性。

(4)工具要合理放置。要把左手用的工具放在作业件的左边,右手用的工具放在作业件的右面,并要整齐、稳妥。

(5)任何工件在划线后,都必须作一次仔细的复检校对工作,避免差错。

3.评分标准

表 4.1

工件号		座号		姓名		总得分	
项目	质量检测内容		配分	评分标准		实测结果	得分
划线	涂色薄而均匀		4 分	总体评定			
	图形及其排列位置正确		12 分	每差错一图扣 3 分			
	线条清晰无重线		10 分	线条不清楚或有重线每处扣 1 分			
	尺寸及线条位置公差±0.3 mm		26 分	每一处超差扣 2 分			
	各圆弧连接圆滑		12 分	每一处连接不好扣 2 分			
	冲点位置公差 0.3 mm		16 分	凡冲偏一只扣 2 分			
	检验样冲眼分布合理		10 分	分布不合理每一处扣 2 分			
	使用工具正确,操作姿势正确		10 分	发现一项不合理扣 2 分			
	文明生产与安全生产		扣分	违者每次扣 2 分			
现场记录:							

项目二 立体划线

一、相关的工艺知识

①在工件上几个互成不同角度的表面上划线,才能明确表示加工界线的称谓立体划线。

②划线要求线条清晰均匀,保证尺寸准确,使长、宽、高 3 个方向的线条互相垂直。

③划线精度 0.25~0.5 mm。

④将工件涂色,并编号如图。

⑤常用工量刃具:划针、划规、V 形架、划线平板、样冲、锤子、钢直尺、高度游标卡尺。

二、工件图(V 形架)

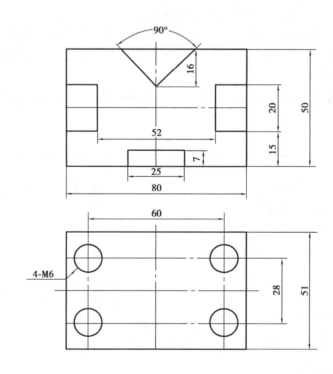

图 4.2

1.操作步骤

(1)第一次划线(如图 4.3 所示)

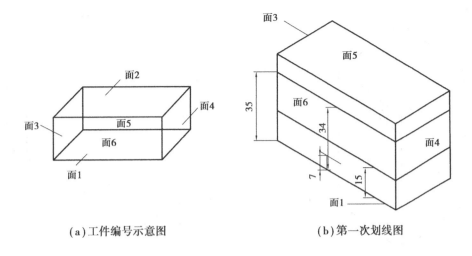

（a）工件编号示意图　　　　（b）第一次划线图

图 4.3

1）将面 1 平放在划线平板上，在面 5 和面 6 依次划 7、34 尺寸线。

2）在面 3、面 4、面 5 和面 6 依次划 15 和 35 尺寸线。

（2）第二次划线（如图 4.4 所示）

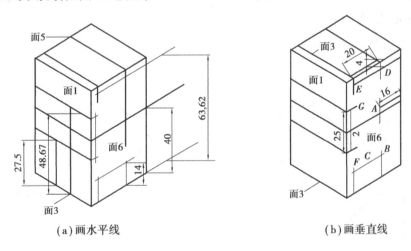

（a）画水平线　　　　　　　（b）画垂直线

图 4.4　第二次划线

1）将面 3 平放在平板上，在面 6 和面 5 划 40 尺寸线，产生交点 A 点与 A' 点，完成 16 尺寸线；再划 14、66 尺寸线，产生交点 B、C、D、E 点和 B'、C'、D'、E' 点，完成两侧 20 尺寸槽的划线。

2）在面 1、面 6 和面 5 上划 27.5 和 52.5 尺寸线，产生交点 F、G 点与 F'、G' 点，完成底槽 25×7 尺寸线。

（3）第三次划线

将面 3 放在平板上，用游标高度尺在面 2 上依次划 10 和 70 尺寸线。如图 4.5 所示。

（4）第四次划线

将面 6 放在平板上，用游标高度尺在面 2 上依次划 11.5、25.5 和 39.5 尺寸线分别相交于 a、b、c、d 点，完成攻螺纹孔位加工线。如图 4.6 所示。

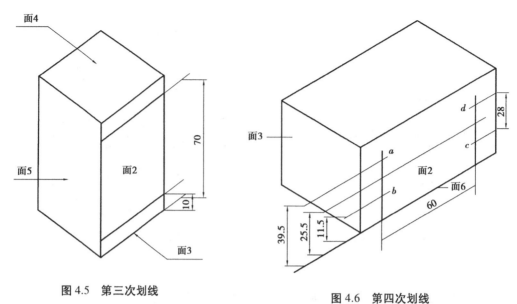

图 4.5　第三次划线　　　　　　　　　　图 4.6　第四次划线

（5）90°V形槽划线

1）如图，将工件放入 90°V 形架的 V 形槽内，用游标高度尺对准面 6 上的中心点，划一条平直线，与中心线 45°角。

2）将工件转 90°位置，划第二条平直线。如图 4.7 所示。

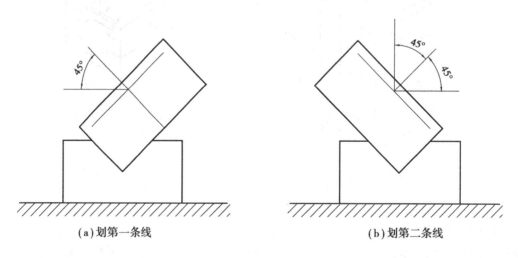

（a）划第一条线　　　　　　　　　　（b）划第二条线

图 4.7

3）在面 5 上按相同方法划出过 A′点的两条平直线，即完成工件 V 形槽的划线。

（6）复查：对照图样检查已划全部线条，确认无误后，在所划线条上打样冲眼。如图 4.8 所示。

2.注意事项

（1）工件在划线平台上要平稳放置。

（2）划线压力要一致，划出线条细而清晰，避免划重线。

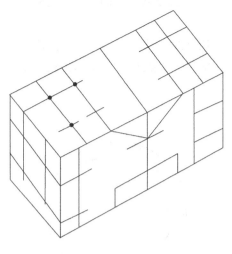

图 4.8

3.评分标准

表 4.2

		质量检测内容	配分	评分标准	实测结果	得分
成绩评定表	划线	3 个位置垂直度找正误差小于 0.4 mm	18 分	超差一处扣 6 分		
		3 个位置尺寸基准位置误差小于 0.6 mm	18 分	超差一处扣 6 分		
		划线尺寸误差小于0.3 mm	24 分	每超差一处扣 3 分		
		线条清晰、样冲点正确	18 分	一处不正确扣 3 分		
		检查样冲点位置是否正确	12 分	一处不正确扣 2 分		
	安全文明生产		10 分	违者不得分		

项目三 分度头划线

一、相关工艺知识

①分度头是铣床上等分圆周用的附件。钳工常用它来对中,小型工件进行分度和划线。特点是使用方便,精确度较高。

②分度头主要规格是以主轴中心到底面的高度(mm)表示的。例如,F11125 型万能分度头,其主轴中心到底面的高度为 125 mm。常用万能分度头的型号有 F11100,F11125,F11160。

③简单分度法

依

$$n = \frac{40}{Z}$$

式中　n——在工件转过每一等份时,分度头手柄应转过的圈数;

　　　　Z——工件的等份数。

④工、量、夹具的准备:常用划线工具,高度游标卡尺,游标卡尺,三爪卡盘。

⑤毛坯准备:检查毛坯是否符合要求,检查各项形位精度是否符合要求,去除尖角,毛刺。

二、工件图

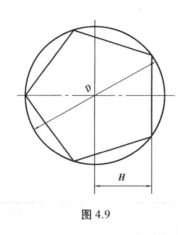

图 4.9

三、操作步骤

步骤一:工件涂色。

步骤二:将工件装夹在分度头的三爪卡盘上,卡紧。

步骤三:调整高度游标卡尺,找出分度头中心高。

步骤四:在工件端面划出中线并翻转 180°检查准确性。如不准确,要对高度尺做适当调整,重新划中线。

步骤五:摇动分度头手柄,将工件转动 90°划第二条中心线。

步骤六:将高度游标卡尺下调(或上调)H尺寸,在端面划线,并引至外圆柱表面,作为调头划出另一端面线时的找正线。

步骤七:其他线的划法,简单分度法 即依公式 $n=40/Z$,$n=40/5=8$,即每划完一条线,分度头手柄应摇过 8 周再划另一条线。按此方法将五方线全部划完。

步骤八:卸下工件,将其调头重新卡在三爪卡盘上,并用高度尺(原有尺寸不变)按划在外圆柱面上的五方的第一条线找正工件,然后按上述方法在端面上划出五方所有线条,并检查。

步骤九:卸下工件,将分度头擦拭干净。

四、注意事项

①为消除分度头中蜗杆与蜗轮或齿轮之间的间隙,保证划线的准确性,分度头手柄必须朝一个方向摇动。

②当分度头手柄摇到预定孔位时,注意不要摇过头,定位销必须正好插入孔内,如发现已摇过了预定的孔位,则须反向转过半圈左右后,再重新摇到预定的孔位。

③在使用万能分度头时,每次分度前,必须先松开分度头侧面的主轴紧固手柄,分度头主轴才能自动转动。分度完毕后,仍须紧固主轴,以防止主轴在划线过程中松动。

④当计算分度头手柄转数出现分数时,如划六方 $n=6+2/3$,即每划完一条线,在划第二条线时需转过 6 整周加某一孔圈上转过 2/3 周,为使分母与分度盘上已有的某个孔圈的孔圈相符,可把分母、分子同时扩大成 10/15 或 22/33,根据经验,应尽可能选用孔数较多的圈,这样摇动方便,准确度也高。所以我们选用 33 孔的孔数,在此孔圈内摇过 22 个孔距即可。

项目四　锯削训练

一、工件图纸

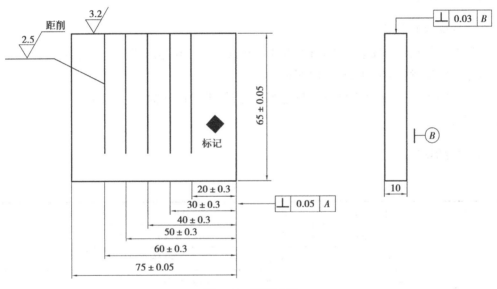

图 4.10　锯削试板

二、训练目标及要求

掌握正确的锯削姿势,并能达到一定的锯削精度。

三、操作准备

①设备:台虎钳、平台。

②工量具:千分尺(50~75 mm)、90°角尺、手锯、高度尺、钢板尺。

③材料:毛坯尺寸 65 mm×75 mm×10 mm;材质 20。

四、操作步骤

步骤一:分析工件图。

步骤二:检查来料的外形尺寸。

步骤三:加工长方体。

(1)加工基准面 A,即①面,保证平面度 0.03 mm,与大平面的垂直度 0.03 mm。

(2)加工②面,保证与①面垂直度是 0.05 mm,平面度 0.03 mm,与大平面的垂直度0.03 mm。

(3)加工③面,保证尺寸(65±0.05)mm,平面度 0.03 mm。

(4)加工④面,保证尺寸(75±0.05)mm,平面度 0.03 mm。

步骤四:划出锯割尺寸线(20±0.3)mm,(30±0.3)mm,(40±0.3)mm,(50±0.3)mm,(60±0.3)mm。

步骤五:锯削各锯缝。

步骤六:清理毛刺,检查外形,打标记。

步骤七:交件。

五、注意事项

①工件应两面划线。

②注意工件和锯条安装是否正确,并要注意其锯方法和起锯度的正确与否。

③是适时注意锯缝的平直,及时纠正。

④锯削完毕,应将锯弓上张紧螺母适当放松,但不要拆下锯条,防止锯弓的零件失散,并将其妥善放好。

六、评分标准

表 4.3

项目	质量检测内容	配分	评分标准	实测结果	得分
锉 削	20±0.3 mm	5分	超差不得分		
	30±0.3 mm	5分	超差不得分		
	40±0.3 mm	5分	超差不得分		
	50±0.3 mm	5分	超差不得分		
	60±0.6 mm	5分	超差不得分		
	75±.05 mm	15分	超差不得分		
	65±0.05 mm	15分	超差不得分		
	⊥ 0.03 B (4 处)	12分	超差不得分		
	⊥ 0.05 A	5分	超差不得分		
	R_a3.2(4 处)	8分	升高一级不得分		
	R_a25(5 处)	15分	升高一级不得分		
安全文明生产		5分	违者不得分		
现场记录:					

项目五 平面锉削

一、工件图

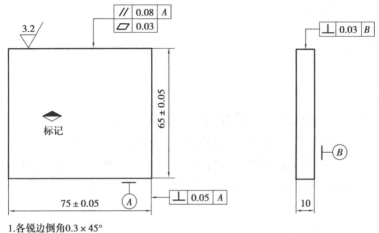

1.各锐边倒角0.3×45°

2.未注 R_a3.2

3.各锉削面纹理方向一致

图 4.11

二、训练目标

①巩固提高平面的锉削技能,并能达到一定的精度。

②正确使用游标卡尺和千分尺测量工件。

③正确使用角尺检查工件的垂直度。

三、训前准备

①设备:台虎钳、钳台。

②工量具:游标卡尺、千分尺(50~75 mm、75~100 mm)、钢板尺、板锉(粗、中、细)、90°角尺、手锯、高度尺等。

③备料:毛坯尺寸 80 mm×80 mm×10 mm;材质 20。

四、训练指导

1.工件图分析

(1)公差等级:锉削 IT8。

(2)行位公差:平面度 0.03 mm,垂直度 0.03 mm、0.05 mm,平行度 0.08 mm。

2.操作步骤

步骤一:备料:80×80(±0.1),打标记。

步骤二:加工基准面①,同时保证平面度 0.03 mm,垂直大平面 B0.03 mm。

步骤三:加工面②,同时保证平面度 0.03 mm,垂直①面 0.05 mm,垂直大平面 0.03 mm。

步骤四:高度尺划线 65、75(以①、②面为基准)。

步骤五:锯削③面,留 0.5 mm~1 mm 余量,然后锉削③面同时保证平面度 0.03 mm,垂直度 0.03 mm,与①面的平行度 0.08 mm,尺寸 65±0.05 mm。

步骤六:锯削④面,留 0.5 mm~1 mm 的余量,然后锉削④面,同时保证平面度、垂直度 0.03 mm,尺寸 75±0.05 mm。

步骤七:去毛刺,检查。

步骤八:交件。

3.注意事项

(1)加工前,应对来料进行全面检查,了解加工余量,然后加工。

(2)重点还应放在养成正确的锉削姿势,要达到姿势正确自然。

(3)加工平面,必须基准面达到要求后进行;加工垂直面,必须在平行面加工好后进行。

(4)检查垂直度时,要注意角尺从上向下移动的速度,压力不要太大,否则尺座的测量面离开工件基准面,导致测量不准。

(5)在接近加工面要求时,不要过急,以免造成平面的塌角、不平现象。

(6)工量具要放在规定部位,使用时要轻拿轻放,做到安全文明生产。

4.评分标准

表 4.4

工件号		座号		姓名		总得分	
项目	质量检测内容		配分	评分标准		实测结果	得分
锉削长方体	(75±0.05)mm		10分	超差不得分			
	(65±0.05)mm		10分	超差不得分			
	▱ 0.03 (4处)		20分	超差不得分			
	⊥ 0.03 B (4处)		20分	超差不得分			
	R_a3.2(4处)		8分	升高一级不得分			
	// 0.08 A		6分	超差不得分			
	⊥ 0.05 A		6分	超差不得分			
	锉削姿势正确		10分	目测			
	安全文明生产		10分	违者不得分			
现场记录:							

项目六　直角阶梯锉削

一、工件图

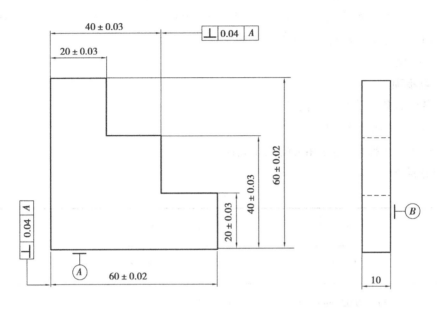

图 4.12

二、训练目标

巩固和提高锉削精度。

三、训前准备

①设备:台虎钳、平台。

②工量具:千分尺(0~25 mm、25~50 mm、50~75 mm)、90°角尺、刀口尺、高标尺、钢板尺、手锯、板锉(粗、中、细)。

③材料:毛坯尺寸 80 mm×80 mm×10 mm,材质 20。

四、训练指导

1.工件图分析

(1)公差等级:锉削 IT8。

(2)形位公差:②、④、⑥面分别与 A 面的垂直度公差为 0.04 mm。

(3)表面粗糙度:锉削 R_a3.2。

2.操作步骤

步骤一:检查来料,了解加工余量。

步骤二：修整两基准面，并以两面为基准划出所有线条。

步骤三：锯削①面，粗精锉该面，保证尺寸(60±0.02)mm 并与 B 面的垂直度为 0.03 mm。

步骤四：锯削右上角，粗精锉②、③面，分别保证尺寸(20±0.03)mm、(40±0.03)mm，②、③面分别与 B 面的垂直度为 0.03 mm。

步骤五：锯掉另一直角，粗精锉④、⑤面，分别保证尺寸(40±0.02)mm、(20±0.02)mm，④面与 A 面的垂直度为 0.04 mm，④、⑤面分别与 B 面的垂直度为 0.03 mm。

步骤六：锯削⑥面，粗精锉该面，保证尺寸(60±0.02)mm 并与 B 面的垂直度为 0.03 mm。

步骤七：去毛刺，检查各部分尺寸，打标记。

步骤八：交件。

3.注意事项

(1)各内直角要清角干净彻底。

(2)直角尺的正确使用。

(3)做到安全操作，遵守相关的操作规程。

4.评分标准

表 4.5

工件图		座号		姓名		总得分	
项目	质量检测内容		配分	评分标准		实测结果	得分
锉削	(60±0.02)mm(2 处)		16 分	超差不得分			
	(40±0.02)mm(2 处)		14 分	超差不得分			
	(20±0.02)mm(2 处)		14 分	超差不得分			
	⊥ | 0.04 | A (2 处)		8 分	超差不得分			
	⊥ | 0.03 | B (8 处)		24 分	超差不得分			
	R_a3.2(8 处)		16 分	升高一级不得分			
安全文明生产			8 分	违者不得分			
现场记录：							

项目七 六方体锉削

一、工件图

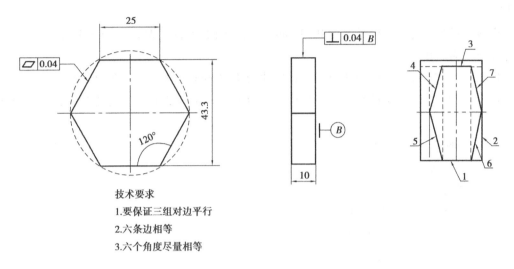

技术要求
1.要保证三组对边平行
2.六条边相等
3.六个角度尽量相等

图 4.13

二、训练目标

①正确使用万能角度尺。
②掌握角度件的加工方法。

三、训前准备

①设备:台虎钳、平台。
②工量具:万能角度尺、千分尺、钢板尺、高标尺、刀口尺、90°角尺、游标卡尺、板锉(粗、中、细)、手锯等。
③材料:毛坯尺寸 45 mm×55 mm×10 mm;材质 20。

四、训练指导

1.工件图分析

(1)公差等级:锉削 IT8。
(2)形位公差:平面度 0.03 mm,各面与大平面的垂直度为 0.04 mm。

2.操作步骤

步骤一:备料:45 mm×55 mm(±0.1)。
步骤二:加工 1 面,保证平面度 0.04 mm,与大平面的垂直度为 0.04 mm。

步骤三:加工 2 面,保证平面度 0.04 mm,与大平面的垂直度为 0.04 mm,并且与 1 面垂直。

步骤四:划出所有线条(以 1 面和 2 面为基准):21.6 mm、43.3 mm、12.5 mm、37.5 mm、50 mm。

步骤五:加工 3 面,保证平面度 0.04 mm,与大平面的垂直度为 0.04 mm,且与 1 面保持平行。

步骤六:加工 4 面,保证平面度 0.04 mm,与大平面的垂直度为 0.04 mm,3 与 4 面的夹角为 120°。

步骤七:加工 5 面,保证平面度 0.04 mm,与大平面的垂直度为 0.04 mm,4 与 5 面的边长相等且角度为 120°。

步骤八:加工 6 面,保证与 4 面平行且尺寸为 43.3 mm,与 1 面的夹角是 120°。

步骤九:加工 7 面,保证与 5 面平行且尺寸为 43.3 mm,与 3 面的夹角是 120°,并且与 6 面的边长相等。

步骤十:检查尺寸,去毛刺。

步骤十一:交件。

3.注意事项

(1)六个角的加工顺序要正确。

(2)三组对边要分别平行且相等。

(3)角度的测量方法要正确。

(4)遵守相关的操作规程。

4.评分标准

表 4.6

工件号		座号		姓名		总得分	
项目	质量检测内容		配分	评分标准		实测结果	得分
锉削	43.3(3 组)		15 分				
	25(6 处)		18 分				
	120°±4′(6 处)		18 分				
	▱ 0.04 (6 处)		12 分				
	⊥ 0.04 B (6 处)		18 分				
	R_a3.2(6 处)		12 分				
	安全文明生产		7 分				
现场记录:							

项目八　阶梯角度件锉削

一、工件图

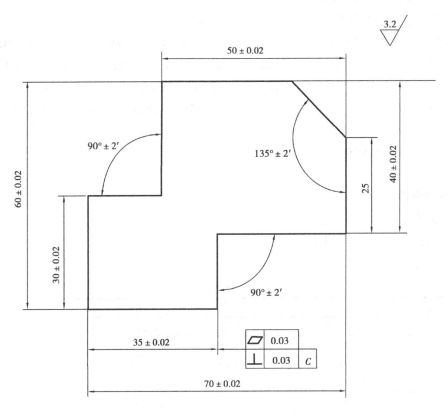

图 4.14

二、训练目标

①熟练掌握万能角度尺的使用。

②掌握正确的锉削姿势,并达到一定的锉削精度。

三、训前准备

①设备:台虎钳、平台。

②工量具:千分尺(25~50,50~75)、万能角度尺、刀口尺、90°角尺、游标卡尺、高标尺、钢板尺、手锯、板锉(粗、中、细)。

③材料:71 mm×61 mm×10 mm;材质 20。

四、训练指导

1.工件图分析

（1）公差等级:锉削 IT8。

（2）表面粗糙度:锉削 R_a3.2 μm。

2.操作步骤

步骤一:备料:71 mm×61 mm(±0.1)。

步骤二:粗精锉两基准面,保证平面度 0.03 mm。

步骤三:粗精锉另外两面,分别保证平面度 0.03 mm 及尺寸(60±0.02)mm、(70±0.02)mm。

步骤四:锯掉右下角,粗精锉两面,保证平面度 0.03 mm 及尺寸(35±0.02)mm、(40±0.02)mm。

步骤五:锯掉左上角,粗精锉两面,保证平面度 0.03 mm 及尺寸(30±0.02)mm、(50±0.05)mm。

步骤六:锯掉右上角多余部分,粗精锉斜边,保证平面度 0.03 mm,尺寸 25 mm 及角度 135°±2′。

步骤七:去毛刺,修整工件,打钢印号。

步骤八:交件。

3.注意事项

（1）正确使用万能角度尺。

（2）内直角清角要干净彻底。

4.评分标准

表 4.7

工件号		座号		姓名		总得分	
项目	质量检测内容		配分	评分标准		实测结果	得分
锉削	(70±0.02)mm		7分	超差不得分			
	(60±0.02)mm		7分	超差不得分			
	(50±0.02)mm		7分	超差不得分			
	(40±0.02)mm		7分	超差不得分			
	(35±0.02)mm		7分	超差不得分			
	(30±0.02)mm		7分	超差不得分			
	90°±2′(2 处)		10分	超差不得分			
	135°±2′		6分	超差不得分			
	▱ 0.03 (9 处)		9分	超差不得分			
	⊥ 0.03 C (9 处)		18分	超差不得分			
	R_a3.2(9 处)		9分	升高一级不得分			
	安全文明生产		6分	违者不得分			
现场记录:							

项目九　角度件锉削

一、工件图

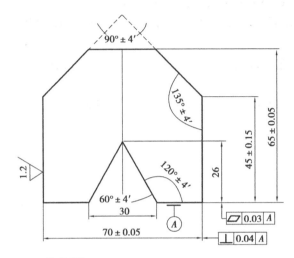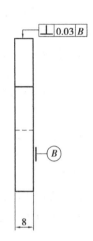

技术要求:

1.各锐边倒角0.3×45°

2.未注R_a3.2

3.各锉削面纹理方向一致

图 4.15　样板

二、训练目标

①熟练掌握万能角度尺的正确使用。

②巩固、提高锉削精度。

三、训前准备

①设备:台虎钳、平台。

②工量具:万能角度尺、千分尺、90°角尺、刀口尺、高度尺、钢板尺、手锯、板锉(粗、中、细)。

③材料:毛坯尺寸 71 mm×66 mm×8 mm;材质 35。

四、训练指导

1.工件图分析

(1)公差等级:锉削 IT8。

(2)粗糙度:锉削 R_a3.2 μm。

2.操作步骤

步骤一:备料:71 mm×66 mm(±0.1)。

步骤二:加工基准面 A 面,(即①面),保证平面度 0.03 mm,且与大平面 B 的垂直度为 0.03 mm。

步骤三:加工②面,保证平面度 0.03 mm,与 A 面的垂直度为 0.04 mm,与大平面的垂直度为 0.03 mm。

步骤四:划出所有线条(分别以①、②面为基准):26 mm、45 mm、65 mm、20 mm、35 mm、50 mm、70 mm。

步骤五:加工③面,保证平面度 0.03 mm 和尺寸(70±0.05)mm。

步骤六:加工④面,保证平面度 0.03 mm 和尺寸(65±0.05)mm。

步骤七:锯掉一斜面,粗、精锉该面(即⑤面),保证平面度 0.03 mm,角度(135°±4′),尺寸(45±0.15)mm。

步骤八:锯掉另一斜面,锯削工艺槽,粗、精锉该面(即⑥面),保证平面度 0.03 mm,角度 135°±4′,尺寸(45±0.15)mm。

步骤九:锯掉下面多余部分(即⑦、⑧面),粗、精锉两面,保证(120°±4′),26 mm,30 mm,60°±4′。

步骤十:去毛刺,修整工件,打标记。

步骤十一:交件。

3.注意事项

(1)内角要清角干净彻底。

(2)正确使用万能角度尺。

4.评分标准

表 4.8

工件号		座号		姓名		总得分	
项目	质量检测内容		配分	评分标准		实测结果	得分
锉削	(75±0.05)mm		7分	超差不得分			
	(65±0.05)mm		7分	超差不得分			
	(45±0.15)mm		4分	超差不得分			
	26 mm		3分	超差不得分			
	30 mm		3分	超差不得分			
	60°±4′		5分	超差不得分			
	90°±4′		5分	超差不得分			
	120°±4′		5分	超差不得分			
	135°±4′		5分	超差不得分			
	▱ 0.03 (9处)		18分	超差不得分			
	⊥ 0.04 A		4分	超差不得分			
	⊥ 0.03 B (9处)		18分	超差不得分			
	R_a3.2(9处)		9分	升高一级不得分			
	安全文明生产		7分	违者不得分			
现场记录:							

项目十 十字块锉削

一、工件图

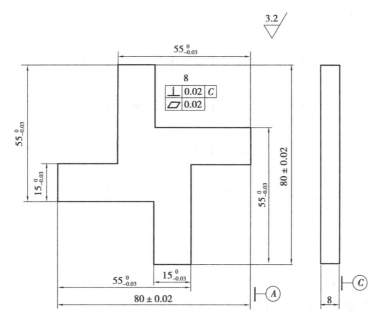

1.各锉削面纹理方向一致

2.各锐角倒角0.1×45°

3.不准锤击大平面

图 4.16

二、训练目标

①巩固和提高平面的锉削精度。

②正确使用90°角尺检测内直角。

三、训前准备

①设备:台虎钳、平台。

②工量具:90°角尺、千分尺(0~25 mm、25~50 mm、50~75 mm、75~100 mm)、高标尺、钢板尺、刀口尺、游标卡尺、锉刀(粗、中、细)、手锯。

③材料:毛坯料。

四、训练指导

1.工件图分析

（1）公差等级：锉削 IT8。

（2）表面粗糙度：锉削 R_a3.2 μm。

2.操作步骤

步骤一：备料：82 mm×82 mm（±0.1）一块。

步骤二：修整基准面，达到精度要求。

步骤三：依图样划出所有线条。

A.锯去左上角部分，加工①面，保证尺寸（55±0.02）mm。

B.锯去右上角部分，加工②面，保证尺寸（15±0.02）mm，加工③面，保证尺寸（55±0.02）mm 及与②面垂直。

C.锯去右下角部分，加工④面，保证尺寸（15±0.02）mm，加工⑤面，保证尺寸（55±0.02）mm 及与④面垂直。

D.锯去左下角部分，加工⑥面，保证尺寸（15±0.02）mm，加工⑦面，保证尺寸（55±0.02）mm 及与⑥面垂直。

步骤四：加工⑧面，保证尺寸（15±0.02）mm 及与①面垂直。

步骤五：去毛刺，检查各尺寸，打标记。

步骤六：交件。

3.注意事项

（1）各个直角均对称。

（2）十字块的加工顺序是顺时针。

（3）遵守有关的安全操作规程。

4.评分标准

表 4.9

工件号		座号		姓名		总得分	
项目	质量检测内容		配分	评分标准		实测结果	得分
锉削	$55_{-0.03}^{0}$ mm（4 处）		20分	超差不得分			
	$15_{-0.03}^{00}$ mm（4 处）		20分	超差不得分			
	（80±0.02）mm（2 处）		10分	超差不得分			
	⊥ 0.02 C（8 面）		16分	超差不得分			
	⟋ 0.02（8 面）		16分	超差不得分			
	R_a3.2（12 处）		12分	升高一级不得分			
	安全文明生产		6分	违者不得分			
现场记录：							

项目十一　六方体锉削

一、工件图

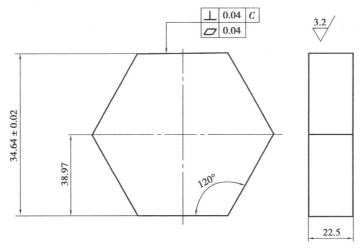

技术要求:
六方体边长应相等最长与最短不大于0.02

图 4.17

二、训练目标

①掌握使用分度头划线。

②掌握锉削六方体的方法。

③操作方法正确,线条清晰,线性尺寸准确。

④掌握具有对称度要求工件的加工和测量方法。

三、训前准备

①工量、夹具的准备:分度头,游标卡尺,高度游标卡尺,三爪卡盘,常用划线工具。

②检查毛坯:检查毛坯尺寸是否符合要求,检查各项行位精度是否符合要求,去除尖角毛刺。

四、训练指导

1.工件图分析

依 $n=40/Z$ 则六方体 $Z=6$，$n=40/6=6+2/3$ 即每划完一条线,在划第二条线时需转过 6 整周加在某一孔圈上转过 2/3 周。为使分母与分度盘上已有的某个孔圈的孔圈相符,可把分母,分子同时扩大成 10/15 或 22/33,根据经验,应尽可能选用孔数较多的圈,这样摇动方便,准确度也高。所以我们选用 33 孔的孔数,在此孔圈内摇过 22 个孔距即可。

2.操作步骤

步骤一:备料:40×10 一棒料,修好基准。

步骤二:在分度头上六等份,去料。

步骤三:锉削 1′面保尺寸 34.64 达到尺寸精度。

步骤四:锉削 2 面保角度 120°与 1 面,锉削 2′面保尺寸 34.64 即与 1′面的角度 120°。

步骤五:锉削 3 面保 120°与 2 面的,锉削 3′面保尺寸 34.64 和与 1 面,2′面的角度。

步骤六:去毛刺,检测全部尺寸,交件。

3.注意事项

(1)六方体的划线。

(2)锉削六方体的顺序,控制边长相等。如图 4.8 所示。

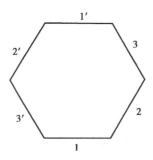

图 4.18　六方体划线

4.评分标准

表 4.10

序号	考核要求	配分	评分标准	实测结果	得分
1	34.64±0.02(3 处)	18	超差 0.01 以上不得分		
2	120°±4′(6 处)	24	超差不得分		
3	⊥ 0.04 C (6 处)	18	超差不得分		
4	▱ 0.04 (6 处)	24	超差不得分		
5	R_a3.2(6 处)	6	升高一级不得分		
6	安全文明生产	10	看情节轻重着重扣分		

项目十二　T形凸件锉削

一、工件图

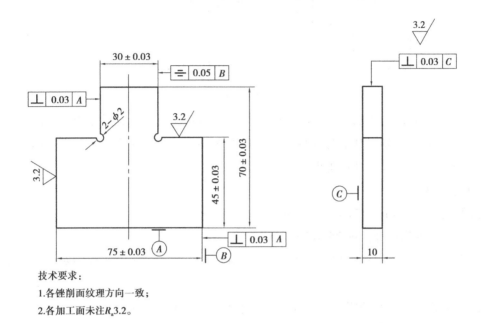

技术要求:

1.各锉削面纹理方向一致;

2.各加工面未注R_a3.2。

图 4.19

二、训练目标

①掌握具有对称度要求的工件划线。

②初步掌握具有对称度要求的工件加工和测量方法。

③熟练锉锯技能,并达到一定的加工精度要求,为锉配打下必要的基础。

三、训前准备

①工夹量具的准备:锉刀一组,常用划线工具,手锯。高度游标卡尺,游标卡尺,万能角度尺,90°角尺,千分尺(0~25 mm,25~50 mm,50~75 mm),刀口尺。

②检查毛坯:检查毛坯是否符合要求,检查各项行位精度是否符合要求,去除尖角,毛刺。

四、训练指导

1.工件图分析

(1)本件具有对称度要求,对称度误差是指被测表面的对称平面与基准表面的对称平面

间的最大偏移距离 Δ,对称度公差带是指相对基准中心平面对称配置的两个平行面之间的区域,两平行面距离即为公差值,如图 4.20 所示。

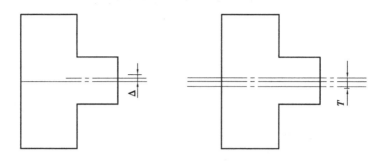

图 4.20

(2)对称形体工件的划线。对于平面对称工件的划线,应在形成对称中心平面的两个基准面精加工后进行。划线基准与该两基准面重合,划线尺寸则按两个对称基准平面间的实际尺寸对称要素的要求尺寸计算得出。

2.操作步骤

步骤一:备料:76 mm×71 mm×10 mm 一块。

步骤二:修外形尺寸保证 75±0.03,70±0.03 及垂直度要求。

步骤三:锯掉一直角粗精加工各面保证尺寸 45±0.03 及 45/2+30 来控制对称度并保证与 A 面的垂直度。

步骤四:锯掉另一直角粗精加工各面保尺寸 45±0.03 及 30±0.03 和与 B 面的对称度 0.05。

步骤五:修整去毛刺打号,交件。

3.注意事项

(1)因采用间接测量来达到尺寸要求,故必须进行正确换算和测量,才能得到所要求的精度。

(2)为了保证对称度精度,只能先去掉一端角料,待加工至规定要求后才能去掉另一端角料。

4.评分标准

表 4.11

序号	考核要求	配分	评分标准	实测结果	得分
1	75±0.03	9	超差 0.02 mm 以上不得分		
2	70±0.03	9	超差 0.02 mm 以上不得分		
3	45±0.03(2 处)	14	超差 0.02 mm 以上不得分		
4	30±0.03	9	超差 0.02 mm 以上不得分		

序号	考核要求	配分	评分标准	实测结果	得分
5	⊥ 0.03 A （3处）	18	超差不得分		
6	= 0.05 B	8	超差不得分		
7	⊥ 0.03 C	7	超差不得分		
8	3.2 （8处）	16	升高一级不得分		
9	安全文明生产	10	视情节轻重扣分		

项目十三 双燕尾锉削

一、工件图

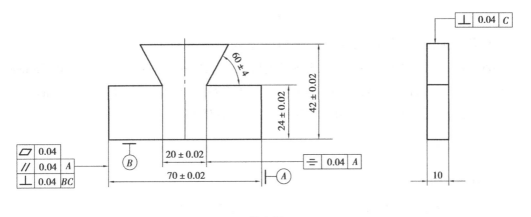

图 4.21

二、训练目标

①懂得影响工件质量的各种因素及消除方法。

②掌握正确的加工方法和测量方法。

③巩固提高各项基本操作技能水平。

④按教学要求操作,合理消除不利因素,取得较好成绩。

三、训前准备

①备料:45 钢,规格及要求见备料图。

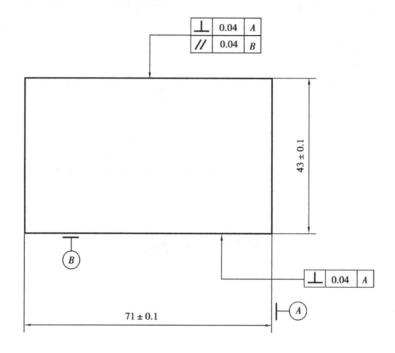

图 4.22

②设备:划线平台、方箱、台式钻床、平口钳、台虎钳、砂轮机等。

必备设备:游标高度尺、游标卡尺、万能角度尺、千分尺(0~25 mm、25~50 mm、50~75 mm)、杠杆百分表(0~0.8 mm)、磁性表架、手用直铰刀(φ8H7)、直柄麻花钻(φ7.8),200 mm 铰杠、常用锉刀(板锉、三角锉、手锯、软钳口、锤子、样冲、刚直尺等)。

四、训练指导

1.工件图分析

(1)形位公差:锉削对称度 0.1 mm、表面粗糙度:锉削 R_a 3.2。

(2)本件主要考查学生对角度工件加工方法的掌握情况,属于半封闭式工件。

(3)关键是如何保证燕尾处的对称度和燕尾处的尺寸符合技术要求。

(4)确定基本加工工艺如下:检验毛坯→划线→加工工件→交检。

(5)了解各项技术要求及评分方法。

2.操作步骤

步骤一:检验毛坯,了解毛坯误差与加工余量。

清理(毛刺、油污)→检验形位精度→检验尺寸精度→检验表面粗糙度→检验其他缺陷。

毛坯必须达到备料图中规定的各项技术要求。

步骤二:确定加工基准并对基准进行修整。

按图样确定加工基准并修整。

■特别提示:备料中两端面垂直度小于等于0.01 mm。

步骤三:划线、钻工艺孔、分割。

涂料→划线→检查→钻工艺孔 →分割→锉削保尺寸→去除毛刺。

◆按考核图的规定在毛坯上划线。

◆钻工艺孔。

◆去除两侧多余部分,粗锉各面至接近线条处,去除端面毛刺。

◆锉削各个端面保证尺寸,即左面和右面。

■特别提示:钻$\phi 2$ mm 工艺孔时,注意不要将转速调慢;应尽量将转速调高,进给量稍小。

步骤四:加工基准件(图4.23)。

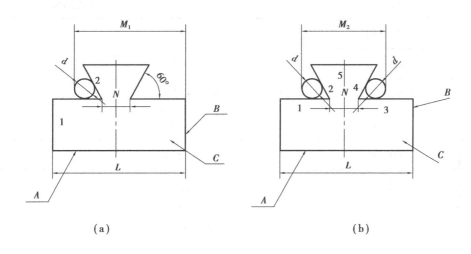

（a）　　　　　　　　　　　　　　（b）

图4.23

◆加工平面1、2,如图4.23(a)所示:锯割平面1、2,去除多余部分;交替粗、细锉平1、2;以基准面A、C为基准,精锉平面1到$24_{-0.033}^{0}$;以B、C为基准,精锉平面2,使尺寸$M_1 = L/2 + N/2 + \cot 30° d/2 + d/2$。

◆加工平面3、4,如图4.23(b)所示:锯割平面3、4,去除多余部分;交替粗、细锉平面3、4;以基准面A、C为基准,精锉平面3到$24_{-0.33}^{0}$mm;以B、C为基准,精锉锉平面4,使尺寸$M_2 = 2(2/N + \cot 30° d/2 + d/2)$。

◆加工平面5:粗锉平面5,细锉平面5,以A、C为基准,精锉平面5至尺寸$42_{-0.033}^{0}$ mm。

特别提示:加工该件时,为了保证两侧燕尾对称度小于0.1 mm,只能先去掉一端角料,待加工至规定要求后才能去掉另一端角料;该件对称平面的形位误差尽量对称,即平面1与平面 3 对基准 A 的平行度误差方向相反;在加工过程中,其角度应用万能角度尺与角度样板进行测量;在测量尺寸 M_1、M_2 时,应用 ϕ10 mm 圆柱检验棒辅助测量。

步骤五:检查、修整、打号、交工件。

3. 注意事项

(1)本工件燕尾处的测量为间接测量,所以外形面的误差应控制在最小范围内,如尺寸精度,平面度,各面垂直度。

(2)角度 60° 应尽量准确并注意角度误差方向不要出现错误。

(3)两面 60° 角不能同时锯下,否则会失去基准。

同向尺寸的加工误差方向要一致。

(4)规定的不加工表面不能锉削,否则按违纪处理。

(5)做到安全操作,文明生产,遵守各项操作规程。

4. 评分标准

表 4.12

序号	项　目	配分	评分标准	实测结果	得分
1	70±0.02	12	超差不给分		
2	42±0.02	10	超差不给分		
3	24±0.02(2 处)	20	超差不给分		
4	20±0.02	10	超差不给分		
5	60°±4′	10	超差不给分		
6	⊜ 0.04 A	5	超差不给分		
7	∥ 0.04 A	5	超差不给分		
8	⊥ 0.04 B C	5	超差不给分		
9	⊥ 0.04 C	5	超差不给分		
10	▱ 0.04	5	超差不给分		
11	R_a3.2(8 处)	8	超差不给分		
12	安全文明生产	5	违纪酌情扣分		

项目十四　凹件锉削

一、工件图

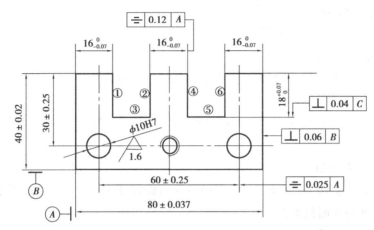

图4.24

技术要求:
1.锉削纹理方向应尽量一致。
2.基准面不准锤击打压。
3.◆为打标记处。

二、训练目标

①掌握多凸台对称工件的加工方法。
②进一步熟练掌握锉削基本动作要领。
③掌握对称工件的加工先后顺序。
④掌握铰孔的操作要领。

三、训前准备

①备料:45钢、规格及要求见备料图。
②工量具:高度游标卡尺、游标卡尺、深度游标卡尺、千分尺、90°刀口角尺、塞尺、塞规、尺规、钻头、手用直铰刀、铰杠、锯工、锯条、锤子、样冲、划针、划规、三角锉、软钳口、锉刀刷。

四、训练指导

1.工艺分析

(1)检查坯料情况,作必要修整。
(2)锉削外形尺寸(80±0.037)mm,达到尺寸形位公差。
(3)按对称形体划出凸台各加工面尺寸线。

（4）钻孔去除余料并粗锉接近加工线。

（5）分别锉削三凸台，达到图纸要求。

（6）划出铰孔的加工位置线。

（7）钻、扩、铰孔。

（8）去毛刺，全面复查。

2.操作步骤

步骤一：备料 80.5×40×10 一块。

步骤二：修整基准面，达到图样技术要求。

步骤三：依图样要求进行划线。

步骤四：打排料孔去除多余部分，粗锉各面至接近线条处。

步骤五：做左侧部分。

步骤六：锉削①面保尺寸 $16_{-0.07}^{0}$，锉削②面保尺寸 $18_{-0.07}^{0}$，锉削③面保尺寸 48 并与该两面相垂直。

步骤七：做右侧部分。

锉削④面保尺寸 $16_{-0.07}^{0}$，对称度 0.12，锉削⑤面保尺寸 $18_{0}^{+0.07}$ 并与④面相垂直，锉削⑥面保尺寸 $16_{-0.07}^{0}$，并与⑤面相垂直。

步骤八：钻、扩、铰孔。

步骤九：检验全部尺寸，去毛刺。

步骤十：打号，交件。

3.注意事项

（1）锉削中间凸台应根据 80 mm 实际尺寸，通过控制左右与外形尺寸误差值来保证对称。

（2）钻孔时工件夹持应牢固。

（3）铰孔时注意加切削液。

4.评分标准

表 4.13

项目	序号	考核要求	配　分	评分标准	实测结果	得分
锉削	1	80±0.037	4	超差 0.03 以上不得分		
	2	$16_{-0.07}^{0}$(3 处)	5×3	超差不得分		
	3	$18_{0}^{+0.07}$(2 处)	5×2	超差不得分		
	4	▱ ⹀ 0.12 ⎮ A	8			
	5	▱ ⊥ 0.06 ⎮ B	4			
	6	▱ ⊥ 0.04 ⎮ C (10 处)	1.5×10	超差不得分		
	7	R_a3.2(10 处)	1×10			

续表

项目	序号	考核要求	配　分	评分标准	实测结果	得分
铰孔	8	2-ϕ10H7	2×2			
	9	30±0.25	4	超差 0.02 以上不得分		
	10	60±0.25	6	超差 0.02 以上不得分		
	11	⊨ 0.2 A	6			
	12	R_a1.6(2 处)	2×2			
其他	13	安全文明生产	违者视情节轻重扣 1~2 分			

项目十五　錾子的刃磨

一、工件图

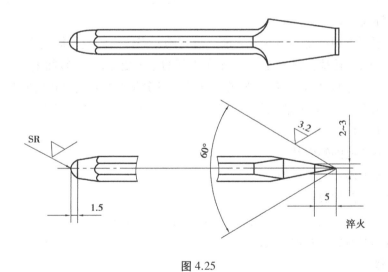

图 4.25

二、训练目标

①掌握刃磨錾子的几何角度。

②正确掌握阔、狭錾的刃磨和热处理方法。

③了解使用砂轮机刃磨錾子时的安全注意事项。

三、训前准备

①备料:阔錾、狭錾。
②工量具:角度样板、水桶、砂轮机、钳子、4 mm 扁铁。

四、训练指导

1.相关工艺

（1）阔錾、狭錾的刃磨要求

錾子的几何形状及合理角度值要根据用途及加工材料的性质而定。

錾子的楔角 β 的大小,要根据被加工材料的硬软来决定。錾削较软的金属,可取 30°～50°;錾削较硬的金属,可取 60°～70°;一般硬度的刚件或铸铁,可取 50°～60°。

（2）刃磨方法

錾子楔角的刃磨方法:双手握持錾子,在砂轮的轮缘上进行刃磨。刃磨时,必须使切削刃高于砂轮水平中心线,在砂轮全宽上作左右移动,并要控制錾子的方向、位置,保证磨出所需的楔角值。刃磨时加在錾子上的压力不宜过大,左右移动要平稳、均匀,并要经常蘸水冷却,以防退火。

（3）热处理方法

目的:保证錾子切削部分具有较高的硬度和一定的韧性。

1）淬火。当錾子的材料为 T7 或 T8 钢时,可把錾子切削部分约 20 mm 长的一端均匀加热至 750～780 ℃（呈樱红色）后迅速取出,并垂直地把錾子放入冷水内冷却（浸入深度 5～6 mm）即完成淬火。

2）回火。錾子的回火是利用本身的余热进行的。当淬火的錾子露出水面的部分呈黑色时,即从水中取出,迅速擦去氧化皮,观察錾子刃部的颜色变化,对一般阔錾,在錾子刃口部分呈紫红色与暗蓝色之间时,对一般狭錾,在錾子刃口部分呈黄褐色与红色之间时（褐红色）,将錾子再次放入水中冷却,至此即完成了錾子的淬火—回火处理的全部过程。

（4）砂轮机的正确使用

①站立在砂轮机的侧面开机。
②观察砂轮的转动是否平稳。
③刃磨时要带防护眼镜。
④有搁架的砂轮要把搁架与砂轮的距离调整至 3 mm 以内。
⑤刃磨时不要对砂轮施加过大的压力。

2.操作步骤

步骤一:首先用 4 mm 扁铁作楔角刃磨练习。
步骤二:刃磨阔錾,其楔角可用角度样板检查。
步骤三:刃磨狭錾,刃口宽度尺寸 B 工槽的宽度放大些。
步骤四:热处理阔、狭錾。

3.注意事项

（1）磨錾子要站立在砂轮机的斜侧位置,不能正对砂轮的旋转方向。

（2）为了避免铁屑飞溅伤害眼睛,刃磨时必须戴好防护眼镜。

（3）采用砂轮搁架时,搁架必须靠近砂轮,相距应在 3 mm 以内,并在安牢固后才能使用。如果搁架与砂轮之间距离过大,易使錾子陷入,引起事故。

（4）开动砂轮机后必须观察旋转方向是否正确,并要等到速度稳定后才可使用。

（5）刃磨时对砂轮施加的压力不可太大,发现砂轮表面跳动严重时,应及时检修或用修正器修整。

（6）不可用棉纱裹住錾子进行刃磨。

4.评分标准

表 4.14

序号	项 目	配分	评分标准	实测结果	得分
1	刃磨姿势正确	15	目测		
2	楔角	20	样板检测不得超差		
3	前、后刀面	20	光滑平整		
4	切削刃	20	目测		
5	热处理方法正确	15	目测		
6	安全文明生产	10	违者不得分		

项目十六 錾削操作

一、工件图

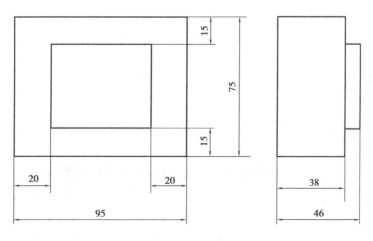

錾削姿势练习

图 4.26

二、训练目标

①正确掌握錾子和手锤的握法及锤击动作。
②錾削的姿势、动作达到初步正确、协调自然。
③了解錾削时的安全知识和文明生产要求。

三、训前准备

①工、量夹具的准备:扁錾子、台虎钳、手锤。
②毛坯准备:长方铁坯件 20。

四、训练指导

1.相关工艺

錾削姿势

(1)手锤的握法

紧握法 用右手五指紧握锤柄,大拇指合在食指上,虎口对准锤头方向,木柄尾端漏出 15~30 mm。在挥锤和锤击过程中,五指始终紧握。

松握法 只用大拇指和食指始终握紧锤柄。在挥锤时,小指,无名指,中指则依次放松;在锤击时,又以相反的次序收拢 握紧。

(2)錾子的握法

正握法 手心向下,腕部伸直、用中指、无名指、小指自然合拢,食指和大拇指自然伸直地松靠,錾子头部伸出 20 mm。

反握法 手心向上,手指自然捏住錾子,手掌悬空。

(3)站立姿势

操作时的站立位置如图所示。身体与台虎钳中心线大致成 45°且略向前倾,左脚跨前半步,膝盖处稍有弯曲,保持自然,右脚要站稳伸直,不要过于用力。

(4)挥锤方法

挥锤有腕挥、肘挥、臂挥三种方法

(5)锤击速度

肘挥 40 次/min,腕挥 50 次/min

(6)锤击要领

挥锤 肘收臂提,举锤过肩;手腕后弓,三指微松;锤面朝天,稍停瞬间。

锤击 目视錾刃,臂肘齐下;收紧三指,手腕加劲;锤錾一线,锤走弧形;左脚着力,右腿伸直。

要求 稳——速度节奏40 次/min;准——命中率高;狠——锤击有力。

2.操作步骤

步骤一:将"呆錾子"夹紧在台虎钳中做锤击练习。左手按握錾要求握住呆錾子,作2小时挥锤和锤击练习。

步骤二:将长方铁坯件夹紧在台虎钳中,下面垫好木垫,用无刃錾子对着凸肩部分进行模拟錾削的姿势练习。统一采用正握法握錾,松握法挥锤。要求站立位置、握錾方法和挥锤的姿势动作正确,锤击力量逐步加强。

步骤三:在达到握錾、挥锤的姿势动作和锤击的力量能适应实际地錾削练习时,进一步用已刃磨的錾子,把长方铁的凸台錾平。

3.注意事项

(1)练习件在台虎钳中必须夹紧,伸出高度一般以离钳口 10~15 mm 为宜,同时下面要加木衬垫。

(2)发现手锤木柄有松动或损坏时,要立即装牢或更换;木柄上不应沾有油,以免使用时滑出。

(3)錾子头部有明显的毛刺时,应及时磨去。

(4)手锤应放置在台虎钳右边,柄不可露在钳台外面,以免掉下伤脚;錾子应放在台虎钳左边。

(5)要正确使用台虎钳,夹紧时不应在台虎钳的手柄上加套管子或用手锤敲击台虎钳手柄,工件要夹紧在钳口中央。

(6)要仔细认真地观察教师的每一个示范动作,使整个操作在自己的意识中形成正确的具体的形象,然后进行实际练习,就容易掌握。

(7)应自然地将錾子握正、握稳,其倾斜角始终保持在35°左右。眼睛的视线要对着工件的錾削部位,不可对着錾子的捶击部位。

(8)左手握錾子时前臂要平行于钳口,肘部不要下垂或抬高过多。

4.评分标准

表 4.15

序号	项 目	配分	评分标准	实测结果	得分
1	锤击姿势练习	30	目测		
2	錾削姿势动作	30	目测		
3	錾削凸台面	30	钢直尺		
4	安全文明生产	10	违者不得分		

项目十七 錾削平面

一、工件图

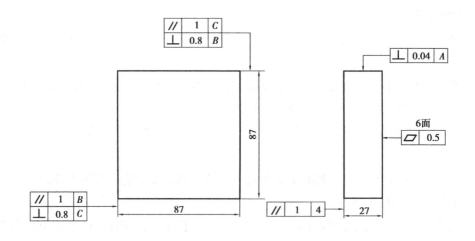

图 4.27

二、训练目标

①掌握錾削窄平面的基本方法和正确姿势。

②做到安全和文明操作。

三、课前准备

①工件:(材料 HT150)88 mm×88 mm×27 mm。

②扁錾 2 把。

③划线工具一套(包括划线平板)。

四、训练指导

1.相关工艺

(1)起錾方法

斜角起錾,錾削平面时,采用斜角起錾的方法,即先在工件的边缘尖角处錾出一个斜面,然后按正常的錾削角度逐步向中间錾削。

正面起錾,在錾削时,全部刃口贴住工件錾削部位端面,錾出一个斜面,然后按正常角度錾削。

（2）錾削时的錾削角度

錾削时后角是錾子后刀面与切削平面的夹角，一般錾切时后角 α_o 取 $5°\sim8°$。后角过大錾子易扎入工件，后角过小，錾子在錾削部位易滑出。

（3）錾削动作：錾削时，每錾削两三次后，可将錾子退出回一些，作一次暂停顿，然后再继续，这样可观察加工面情况，又可使手臂肌肉有节奏地放松。

（4）尽头位置的錾削方法

当錾削接近尽头 $10\sim15$ mm 时，工件必须调头錾去余下的部分。錾削脆性材料更应如此，否则尽头会崩裂。

2.操作步骤

步骤一：按图样要求划出 87 mm×87 mm 尺寸的平面加工线。

步骤二：按实习图各面的编号顺序依次錾削，达到图样要求，且錾痕整齐。

3.注意事项

（1）学习重点应放在掌握正确的姿势、合适的锤击速度和锤击力量上。

（2）对实习工件进行錾削时，时常出现锤击速度过快，左手握錾不稳，锤击无力等情况，要注意及时克服。

4.成绩评定

表4.16

序号	项 目	配分	评分标准	实测结果	得分
1	87±1	7	超差不得分		
2	27±1	7	超差不得分		
3	⊥ 0.8 B	7	超差不得分		
4	∥ 1 B	7	超差不得分		
5	⊥ 0.8 C	7	超差不得分		
6	⊥ 0.04 A	7	超差不得分		
7	∥ 1 A	7	超差不得分		
8	∥ 1 C	7	超差不得分		
9	▱ 0.5 (6面)	24	超差不得分		
10	錾削姿势正确	10	目测		
11	安全文明生产	10	违者不得分		

项目十八　直槽錾削

一、工件图

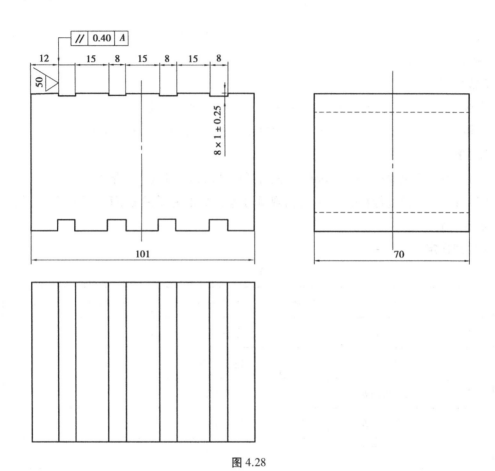

图 4.28

二、训练目标

①掌握狭錾的正确刃磨。

②掌握直槽的錾削方法。

③知道錾削中容易产生的质量问题及其防止方法。

④掌握正确的工件装夹方法和錾子的几何角度。

⑤掌握控制錾削面尺寸精度,形位精度的方法。

三、训前准备

①备料:101 mm×60 mm×70 mm。

②设备:划线平台、方箱、台虎钳、手锤、錾子。

③工量具:游标卡尺、高度游标卡尺。

四、训练指导

1.工件图分析

(1)錾直槽的方法

1)根据图样要求划出加工线条。

2)根据直槽宽度修磨狭錾。

3)采用正面起錾,即对准划线槽錾出一个小斜面,再逐步进行錾削。

(2)錾削量的确定

1)开始第一遍的錾削,要根据线条将槽的方向錾直,錾削量一般不超过 0.5 mm

2)以后的每次錾削量应根据槽深的不同而定,一般采用 1 mm 左右。

3)最后一遍的修整量应在 0.5 mm 之内。

(3)采用腕挥法挥锤,用力大小要适当,防止錾子刃端崩裂,同时,用力轻重应一致,以保证槽底的平整。

2.操作步骤

步骤一:检查来料尺寸,划线表面上好涂料。

步骤二:按图样尺寸划线。直槽线可利用平板和划线盘划出。或用 90°角尺和划针划出。

步骤三:分别完成两把狭錾的修整刃磨,达到使用要求。

步骤四:錾第一条槽。按正面起錾,先沿线条以 0.5 mm 的錾削量錾第一遍,再按直槽深度分次錾削,最后一遍作平整修整。

步骤五:依次錾第二、三、四、五、六、七、八槽。检查全部质量。

3.注意事项

(1)錾削时錾子要放正、放稳,刃口不能倾斜,锤击力要均匀适当。每錾一条槽最好用一把錾子,这样可以控制槽宽上下一致。

(2)开始第一边的錾削时,必须根据一条划线线条为基准进行,保证把槽錾直。第一边的錾削精度对整个槽的錾削质量起着重要作用。

(3)起錾时錾子刃口要摆平,且刃口的一侧角需要与槽位线对齐,同时,起錾后的斜面口尺寸应与槽形尺寸一致。

4.评分标准

表 4.17

序号	考核项目	配分	评分标准	实测结果	得分
1	4±0.25	15	超差不得分		
2	// 0.40 A	15	超差不得分		
3	錾削姿势动作正确	30	目测		
4	锤击姿势正确	20	目测		
5	R_a50	10	升高一级不得分		
6	安全文明生产	10	视情节轻重酌情扣分		

项目十九　錾削油槽

一、工件图

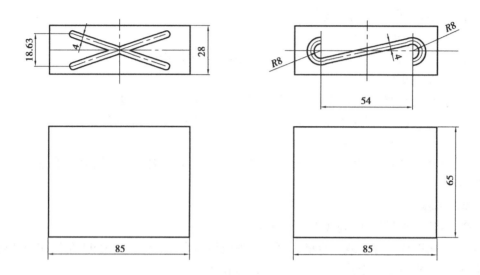

图 4.29

二、训练目标

①掌握錾油槽的方法和技能,达到油槽粗细均匀、深浅一致,光洁圆滑。

②掌握油槽錾的合理几何形状及其刃磨要求。

③懂得油槽的作用及加工要求。

三、训前准备

①材料:HT150。

②工量具:划线工具一套、划线平板、高度游标卡尺。

四、训练指导

1.工艺知识

(1)油槽的作用和加工要求

1)作用:向运动机件的摩擦部位输送和储存润滑油。

2)要求:油槽必须和机件的润滑油通道相连,槽形粗细均匀、深浅一致、槽面光洁圆滑。

(2)油槽錾的合理几何形状和刃磨要求

1)油槽錾切削刃的形状应和图样上油槽断面形状刃磨一致。

2)楔角大小仍根据被錾材料的性质而定,在铸铁上楔角取 60°~70°

3)錾子的后面,其两侧应逐步向后缩小,保证錾削时切削刃各点都能形成一定的后角,并且后面应用油石进行修光,以使錾出的油槽表面较为光洁。

4)在曲面上錾油槽的錾子,为保证錾削过程中的后角基本一致,其錾体前部应断成弧形。此时,錾子圆弧刃刃口的中心点仍应在錾子錾体中心线的延长线上,使錾削时的锤击作用力方向能朝向刃口的錾切方向。

(3)油槽錾削方法

根据油槽的位置尺寸划线,可按油槽的宽度划两条线,也可只划一条中心线。在平面上錾油槽,起錾时錾子要慢慢地加深至尺寸要求,錾到尽头时刃口必须慢慢翘起,保证槽底圆滑过渡。在曲面上錾油槽,錾子的倾斜情况应随着曲面而变动,使錾削时的后角保持不变。油槽錾好后,再修去槽边毛刺。

2.操作步骤

步骤一:备好一把油槽錾,按加工油槽的断面形状和尺寸要求,完成其修整刃磨工作。

步骤二:按实习图的油槽形状及尺寸,在长方铁两侧面上划出油槽加工线。

步骤三:先錾削件 1 的直油槽,然后錾削件 2 上的圆弧形油槽。

步骤四:用锉刀修去槽边毛刺。

3.注意事项

(1)油槽錾的圆弧面应该刃磨光洁圆滑,其刃口形状与油槽断面的要求形状相符,可先在废件上作试验检查,带符合要求后,再在工件上錾削。

(2)在油槽錾削中要保持錾削角度一致,采用腕挥法锤击,锤击力量应均匀,使錾出的油槽深浅一致。

(3)錾油槽一般要求一次成型,必要时,可进行一定修整,如发现錾削方向开始偏离要求或槽深发生变化时,必须及时加以校正。

4.评分标准

表 4.18

序号	项　目	配分	评分标准	实测结果	得分
1	油槽錾的刃磨	30	目测		
2	錾油槽动作正确	30	目测		
3	錾削圆弧面光洁圆滑	30	目测		
4	安全文明生产	10	违者不得分		

项目二十　钻头的刃磨

一、工件图

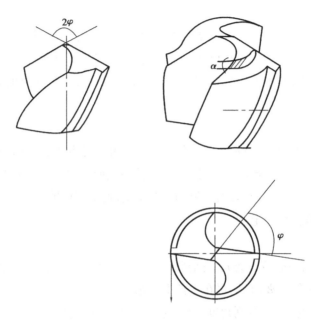

图 4.30

二、训练目标

掌握刃磨钻头的基本操作方法。

三、训前准备

工量具:钻头、砂轮机、万能角度尺。

四、训练指导

1.工艺知识

(1)准麻花钻的刃磨要求

1)顶角 2φ 为 $118°±2°$

2)外缘处的后角 α。为 $10°~14°$

3)横刃斜角 ψ 为 $50°~55°$

4)两个切削刃长度以及和钻头轴心线组成的两个 φ 角要相等。

5)两个主后面要刃磨光滑。

（2）钻头冷却

要经常蘸水冷却,防止因过热退火而降低硬度。

（3）砂轮选择

一般采用粒度为 46~80、硬度为中软级（K、L）的氧化铝砂轮为宜。砂轮旋转必须平稳,对跳动量大的砂轮必须进行修整。

（4）刃磨检验

1）钻头的几何角度及两主切削刃的对称等要求,可利用检验样板进行检验,但在刃磨过程中经常采用的是目测法。

2）钻头外缘处的后角要求。可对外缘处靠近刃口部分的后刀面的倾斜情况直接目测。

3）近中心处的后角要求,可通过控制横刃斜角的合理数值来保证。

2.操作步骤

步骤一:右手握住钻头的头部,左手握住柄部。

步骤二:钻头轴心线与砂轮圆柱母线在水平面内的夹角等于 59°~60°,被刃磨部分的主切削刃处于水平位置。

步骤四:钻身向下倾斜 8°~15°的角度。

步骤五:将主切削刃略高于砂轮水平中心,先接触砂轮,右手缓慢地使钻头绕自身的轴线由下向上转动,刃磨压力逐渐加大,这样便于磨出后角,其下压速度及幅度随后角的大小而变化。刃磨时两手动作的配合要协调,两后刀面经常轮换,直到符合要求。

3.注意事项

（1）对于直径 6 mm 以上的钻头必须修短横刃,并适当增大近横刃处的前角,要求把横刃磨短成 $b=0.5\sim1.5$ mm,使内刃斜角 $\tau=20°\sim30°$,内刃处前角 $\gamma_\tau=0°\sim15°$。

（2）头轴线在水平内与砂轮侧面左倾 15°夹角,在垂直平面内与刃磨点的砂轮半径方向约成 55°下摆角。

4.评分标准

表 4.19

序号	项　目	配分	评分标准	实测结果	得分
1	顶角 2φ 为 118°±2°	20	角度样板		
2	后角 α_0 为 10°~14°	20	目测		
3	横刃斜角 ψ 为 50°~55°	20	目测		
4	两切削刃长度应相等	10	目测		
5	两主后刀面应光滑	10	目测		
6	刃磨动作正确	10	目测		
7	安全文明生产	10	违者不得分		

项目二十一 钻 孔

一、工件图

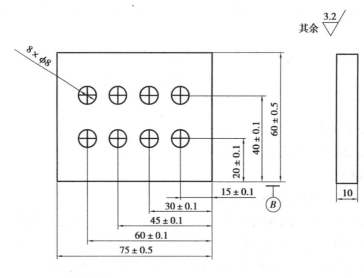

图 4.31

技术要求:
各孔表面粗糙度不大于R_a12.5

二、训练目标

①掌握划线钻孔及钻孔的基本操作方法。

②了解台钻的规格、性能及使用方法。

③熟悉钻孔时工件的装夹方法。

④熟悉钻孔时转速的选择方法。

⑤做到安全和文明操作。

三、训前准备

①工量具:钻头、台钻、游标卡尺、划线工具、划线平台、切削液、手锤、样冲。

②备料:毛坯尺寸 75 mm×60 mm×10 mm;材质 45 钢。

四、训练指导

1.相关工艺

(1)钻孔加工精度不高,一般为 IT10~IT9,表面粗糙度 $R_a \geqslant 12.5\ \mu m$。

(2)台钻加工小型工件上直径不大于 12 mm 的小孔。

(3)钻床转速的选择

高速钢钻头:1)钻铸铁件,$v=14\sim22$ m/min;2)钻钢件,$v=16\sim24$ m/min;3)钻青铜或黄铜,$v=30\sim60$ m/min

(4)钻孔时的切削液

钻钢件用 3%~5%的乳化液;钻铸铁件可不加或用 5%~8%的乳化液连续加注。

2.操作步骤

步骤一:依图样划线,确定孔的位置。

步骤二:装夹工件和钻头并选好转速。

步骤三:起钻校正孔位置是否正确。特别提示:钻孔时,先使钻头对准孔中心钻出一浅坑,使浅坑与划线圆同轴。

步骤四:正常钻削。特别提示:手动进给压力均匀不要使钻头产生弯曲现象。要加切削液。孔将钻穿时,进给力必须减少,防止进给量突然增大造成事故。

3.注意事项

(1)操作钻床时,不许戴手套,袖口须扎紧,女工及长发者须戴工作帽。

(2)工件必须夹紧,孔将钻穿时,要尽量减少进给量。

(3)开动钻床前,应检查是否有钻夹头钥匙或斜铁插在钻轴上。

(4)钻孔时,不可用手和棉纱或嘴吹清除切屑,必须用毛刷清除。钻出长条切屑时,要用钩子钩断后除去。

(5)操作者的头部不准与旋转着的主轴靠得太近。停车时应让主轴自然停止,不可用手去刹住,也不准反转制动。

(6)严禁开车状态下装卸工件,钻床运转时严禁变速,变速时必须等停车后惯性消失后再扳动换挡手柄。

(7)加注润滑油时,必须切断电源。

4.评分标准

表 4.20

序号	考核要求	配分	评分标准	实测结果	得分
1	15±0.1(2 处)	8	超差 0.05 mm 以上不得分		
2	30±0.1 (2 处)	8	超差 0.05 mm 以上不得分		
3	45±0.1 (2 处)	8	超差 0.05 mm 以上不得分		
4	60±0.1 (2 处)	8	超差 0.05 mm 以上不得分		
5	75±0.05	7	超差 0.02 mm 以上不得分		
6	60±0.05	7	超差 0.02 mm 以上不得分		

续表

序号	考核要求	配分	评分标准	实测结果	得分
7	40±0.1（4 处）	12	超差 0.05 mm 以上不得分		
8	20±0.1（4 处）	12	超差 0.05 mm 以上不得分		
9	R_a12.5（8 处）	8	升高一级不得分		
10	R_a3.2（4 处）	4	升高一级不得分		
11	8-ϕ8（8 处）	8	目测		
12	安全文明生产	10	看情节轻重着重扣分		

项目二十二　锪　孔

一、工件图

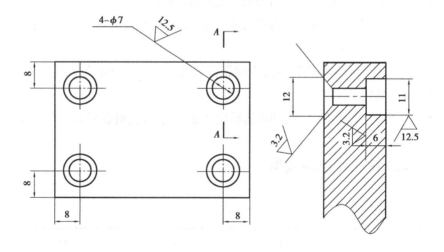

图 4.32

二、训练目标

①掌握锪孔的操作方法及检验方法。

②锪孔的作用和种类。

三、训前准备

①量具:游标卡尺、圆锥形沉孔锪钻、倒角钻、螺钉。

②备料:长方铁(HT150)。

四、训练指导

1.工艺知识

(1)锪孔:用锪孔刀具在孔口表面加工出一定形状的孔或表面。

◆目的:保证孔端面与孔中心线的垂直度,以便于孔连接的零件位置正确,连接可靠。

(2)锪钻种类:1)柱形锪钻;2)锥形锪钻;3)端面锪钻

◆特别提示:锪钻是标准刀具,当没有标准锪钻时,也可用麻花钻改制。

(3)锪锥形埋头孔

◆加工要求:锥角和最大直径(或深度)要符合图样要求(一般在埋头螺钉装入后,应低于工件平面约 0.5 mm),加工表面无振痕。

(4)用锥形锪钻、用麻花钻刃磨改制

(5)麻花钻锪锥形孔时,其顶角 2φ 应与锥孔锥角一致,两切削刃要磨得对称。

2.操作步骤

步骤一:用麻花钻练习刃磨 90°锥形锪钻。

步骤二:完成锪实习件 90°锥形埋头孔钻头(用 ϕ12 mm 钻头)的刃磨,达到使用要求。

步骤三:按图样尺寸划线。

步骤四:钻 4-ϕ7 mm 孔,然后锪 90°锥形埋头孔,深度按图样要求,并用 M6 螺钉作试配检查。

步骤五:用专用柱形锪钻在实习件的另一面锪出 4-ϕ11 mm 柱形埋头孔,深度按图样要求,并用 M6 内六角螺钉作试配检查。

3.注意事项

(1)尽量选用比较短的钻头来改磨锪钻,且刃磨时要保证两切削刃高低一致、角度对称,同时,在砂轮上修磨后再用油石修光,使切削均匀平稳,减少加工时的振动。

(2)要先调整好攻坚的螺栓通孔与锪钻的同轴度,再作工件的夹紧。调整时,可旋转主轴作试钻,使工件能自然定位,工件夹紧要稳固,以减少振动。

(3)锪孔时的切削速度应比钻孔低,一般为钻孔切削速度的 1/3~1/2,同时,由于锪钻的轴向力较小,所以手进给压力不宜过大,并要均匀。

(4)当锪孔表面出现多角形振纹等情况,应立即停止加工,并找出钻头刃磨等问题并及时修正。

(5)为控制锪孔深度,在锪孔前可对钻床主轴的进给深度,用钻床上的深度标尺和定位螺母,调整定位。

（6）锪钢件时,要在锪削表面加切削液,在导柱表面加润滑油。

4.评分标准

表 4.21

序号	项　　目	配分	评分标准	实测结果	得分
1	4-ϕ11	20	超差不得分		
2	4-ϕ7	20	超差不得分		
3	深度 $6^{+0.5}_{0}$（4 处）	16	超差不得分		
4	90°锪孔（4 处）	16	超差不得分		
5	R_a12.5（4 处）	8	升高一级不得分		
6	R_a3.2	10	升高一级不得分		
7	安全文明生产	10	违者不得分		

项目二十三　扩　孔

一、工件图

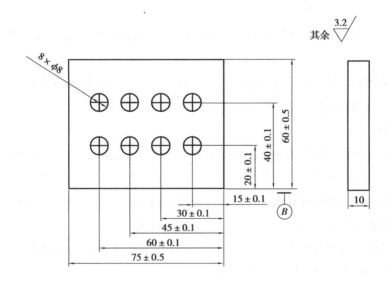

技术要求:

各孔表面粗糙度不大于 R_a12.5

图 4.33

二、训练目标

①掌握扩孔加工的操作方法及特点。

②了解扩孔钻的结构特点。

三、训前准备

①工量具:游标卡尺、扩孔钻等。

②备料:毛坯尺寸 75 mm×60 mm×10 mm(已钻过孔);材质 45 钢。

四、训练指导

1.工艺知识

(1)扩孔:用扩孔钻对已有孔进行扩大加工。

(2)扩孔深度 $a_p = D-d/2$(mm)

(3)扩孔加工的特点:

◆切削深度 a_p 较钻孔大大减少,切削阻力小,切削条件大大改善。

◆避免了横刃切削所引起的不良影响。

◆产生切屑体积小,排屑容易。

(4)扩孔钻地结构特点:

◆因结构不切削,没有横刃,切削刃制作成靠边缘的一段。

◆因扩孔产生切屑体积小,不需大容屑槽,从而扩孔钻可以加粗钻芯,提高刚度,使切削平稳。

◆由于容屑槽较小,扩孔钻可做出较多刀齿,增强导向作用。一般整体式扩孔钻有 3～4 个齿。

◆因切削深度较小,切削角度可取较大值,使切削省力。

(5)扩孔质量比钻孔高,一般尺寸精度可达 IT10～IT9。表面粗糙度可达 R_a25～6.3,常作为空的半精加工及铰孔前的预加工。扩孔时的进给量为钻孔的 1.5～2 倍,切削速度为钻孔的 1/2。扩孔前的钻削直径为孔径的 0.5～0.7 倍。

(6)一般用麻花钻代替扩孔钻用,扩孔钻多用于成批大量生产。

2.注意事项

(1)钻孔后,在不改变攻坚和机床主轴相互位置的情况下,立即换上扩孔钻进行扩孔。这样可使钻头与孔钻的中心重合,使切削均匀平稳保证加工质量。

(2)扩孔前先用镗刀镗出一段直径与孔钻相同的导向孔,这样可使扩钻在一开始就有较好的导向,而不致随原有不正确的孔偏斜。

(3)采用钻套引导进行扩孔。

项目二十四　铰　孔

一、工件图

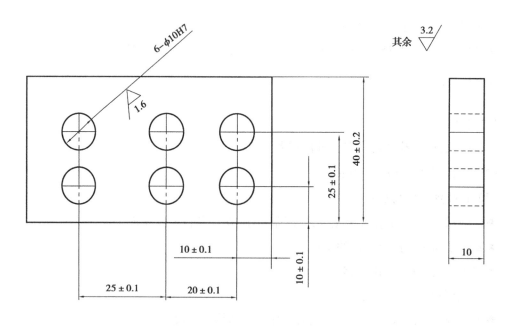

图 4.34

二、训练目标

①了解铰刀的种类和应用。

②掌握铰孔方法。

③熟悉铰削用量和切削液的选择。

④了解铰刀损坏原因及防止方法。

⑤了解铰孔产生质量问题的原因及防止方法。

三、训前准备

①工夹量具的准备:锉刀一组,常用划线工具,手锯。高度游标卡尺,游标卡尺,万能角度尺,90°角尺,千分尺(0~25 mm,25~50 mm,50~75 mm)刀口尺,塞规,塞尺,检验棒 V 型架,直柄麻花钻,手用圆柱铰刀,铰杠。

②检查毛坯:检查毛坯是否符合要求,检查各项行位精度是否符合要求,去除尖角,毛刺。

四、训练指导

1.工艺分析

（1）按要求划出各孔位置加工线。

（2）考虑好应有的铰孔余量,选定各孔铰孔前的钻头规格,刃磨试钻得到正确尺寸后按图钻孔。

（3）对各个孔进行打底孔,扩孔,并对其孔口进行 0.5×45° 倒角。

（4）铰削时,两手用力要均匀,平稳,不得有侧压,同时适当加压,使铰刀均匀地进给,以保证铰刀正确引进和获得较小的表面粗糙度值,并避免孔口成喇叭形或将孔径扩大。

（5）退出铰刀时,铰刀均不能反转,以防止刃口磨钝以及切屑嵌入刀具后面与孔壁间,将孔壁划伤。

（6）铰削时必须选用适当的切削液来减少摩擦并降低刀具和工件的温度。

（7）铰各圆柱孔,用塞规检验,达到正确的表面粗糙度要求。

2.操作步骤

步骤一：备料 70×40×10 一块。

步骤二：做外形尺寸,并达到尺寸偏差要求。

步骤三：划线 15　40　10　10　25。

步骤四：钻孔 $\phi5$,扩孔 6-$\phi8$,扩孔 6-$\phi9.8$。

步骤五：孔口两端均倒角 6-$\phi12$。

步骤六：铰孔 6-$\phi10$H7　同时加注切削液。

步骤七：修整工件,去毛刺,打号,交件。

3.注意事项

（1）铰孔时注意铰刀要放正。

（2）铰孔时遇硬点不能硬铰。

（3）退铰时不能倒转。每次停留位置不能在同一位置上。

（4）注意加切削液,提高其孔的表面粗糙度值。

（5）铰刀是精加工工具,要保护好刃口,以免碰撞,刀具上如有毛刺或切屑粘附,可用油石小心地磨去。

（6）铰刀排屑功能差,须经常取出切屑,以免铰刀被卡住。

4.评分标准

表 4.22

序号	考核要求	配分	评分标准	实测结果	得分
1	75±0.03	9	超差 0.02 mm 以上不得分		
2	70±0.03	9	超差 0.02 mm 以上不得分		
3	45±0.03(2 处)	14	超差 0.02 mm 以上不得分		
4	30±0.03	9	超差 0.02 mm 以上不得分		

续表

序号	考核要求	配分	评分标准	实测结果	得分
5	⊥ 0.03 A（3 处）	18	超差 0.02 mm 以上不得分		
6	⫤ 0.05 B	8	超差 0.02 mm 以上不得分		
7	⊥ 0.03 C	7	超差 0.02 mm 以上不得分		
8	$\overset{3.2}{\triangledown}$（8 处）	16	升高一级不得分		
9	安全文明生产	10	视情节轻重扣分		

项目二十五　攻螺纹

一、工件图

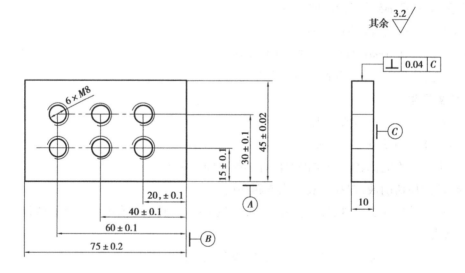

图 4.35

二、训练目标

①掌握攻螺纹底孔直径的确定方法。

②掌握攻螺纹方法。

③熟悉丝锥折断和攻螺纹中常见问题的产生原因和防止方法。

④提高钻头的刃磨技能。

三、训前准备

①铰杠、台虎钳、游标高度尺高标、90°角尺、丝锥、刀口尺、卡尺、千分尺、钻头、大板锉、中板锉、什锦锉、样冲、锤子、钢印号、划针、划规。

②备料:毛坯尺寸 75 mm×45 mm×10 mm;材质 HT200。

四、训练指导

1.工艺分析

(1)划线,打底孔,倒角。

(2)工件的装夹位置应尽量使螺纹孔中心线置于垂直或水平位置,使攻螺纹时易于判断丝锥是否垂直于工件平面。

(3)起攻时,丝锥要放正。检查要在丝锥的前后、左右方向上进行。

(4)为了起攻时丝锥保持正确的位置,可在丝锥上旋上同样直径的螺母,或将丝锥按正确的位置切入到工件孔中。

(5)攻螺纹时,铰杠转 1/2~1 圈,要倒转 1/4~1/2 圈,使切屑断碎后容易排除,避免因切屑阻塞而使丝锥卡死。

◆攻不通孔时,要经常退出丝锥,清除孔内的切屑,以免丝锥折断或被卡住。当工件不便倒向时,可用磁性棒吸出切屑。

2.操作步骤

步骤一:划线,打底孔。

步骤二:在螺纹底孔的孔口倒角。通孔螺纹两端均倒角。倒角处直径可稍大于螺纹孔大径。

步骤三:将丝锥安装在铰杠上,然后垂直插入到工件孔中。

步骤四:用头锥起攻。起攻时,要把丝锥放正,可一手用手掌按住铰杠中部,沿丝锥轴线用力加压,另一手配合做顺向旋进,或两手握住铰杠两端均匀施加压力,并将丝锥顺向旋进。应保持丝锥中心线与孔中心线重合,不得歪斜。当丝锥切入 1~2 圈后,应及时检查并校正丝锥的位置。

步骤五:当丝锥切入 3~4 圈螺纹时,就不需要在施加压力,而靠丝锥作自然旋进切削。只需转动铰杠即可,应停止对丝锥施加压力,否则螺纹牙型将被破坏。

步骤六:攻韧性材料的螺纹孔时,要加切削液,以减小切削阻力,减小螺纹孔的表面粗糙度,延长丝锥寿命。

步骤七:检验全部尺寸,去毛刺。

步骤八:打钢印号,交件。

3.注意事项

(1)攻钢件加机油,攻铸铁件加煤油,螺纹质量要求较高时加工业植物油。

(2)攻螺纹时,必须以头锥、二锥、三锥的顺序攻削至标准尺寸。

(3)在较硬材料攻螺纹时,可用各丝锥轮换交替进行,以减小切削刃部的负荷,防止丝锥折断。

（4）丝锥退出时，先用铰杠平稳反向转动，当能用手旋进丝锥时，停止使用铰杠防止铰杠带动丝锥退出，从而产生摇摆、振动并损坏螺纹表面粗糙度。

（5）当丝锥的切削部分磨损时，可以修磨其后刀面。修磨时要注意保持各刃瓣的半锥角 φ 及切削部分长度的准确性和一致性。转动丝锥时，不要使另一刃瓣的刀齿碰到砂轮而磨坏。

（6）当丝锥校准部分磨损时，可用棱角修圆的片状砂轮修磨前刀面，并控制好前角的大小。

4.评分标准

表4.23

序号	项 目	配分	评分标准	检测结果	得分
1	75±0.02	8	超差不得分		
2	45±0.02	8	超差不得分		
3	20±0.1（2处）	10	超差不得分		
4	40±0.1（2处）	10	超差不得分		
5	60±0.1（2处）	10	超差不得分		
6	15±0.1（3处）	12	超差不得分		
7	30±0.1（3处）	12	超差不得分		
8	⊥ 0.04 C	6	超差不得分		
9	6-M8	6	超差不得分		
10	R_a3.2	8	每升高一级不得分		
11	安全文明生产	10	违者不得分		

项目二十六　套螺纹

一、工件图

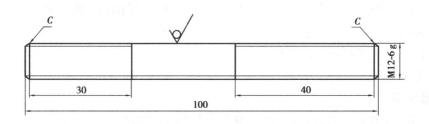

图 4.36

二、训练目标

①掌握套螺纹圆杆直径的确定方法。

②掌握套螺纹方法。

③熟悉套螺纹中常见问题的原因和防止方法。

④提高钻头的刃磨技能。

三、训前准备

①设备:台虎钳、台钻。

②工具:大板锉、中板锉、什锦锉、刀口尺、90°角尺、软钳口、钻头、千分尺、铰杠、板牙、样冲、钢印号、锤子、划针、划规。

③备料:毛坯尺寸ϕ12×100;材质45钢。

四、训练指导

1.工艺分析

(1)套螺纹切削过程中也有挤压作用,因此,圆杆直径要小于螺纹大径,可用计算式确定。

(2)板牙起套时容易切入工件并作正确的引导,圆杆端部要倒成锥半角为15°~20°的锥体。其倒角的最小半径,可略小于螺纹小径,避免螺纹端部出现锋口和卷边。

(3)套螺纹时的切削力矩较大,且工件都为圆杆,一般要用V形块或厚铜衬作衬垫,才能保证可靠夹紧。

(4)套螺纹过程中,板牙要时常倒转一下进行断屑。在钢件上时要加切削液,一般可用机油或较浓的乳化液,要求高时可用工业植物油。

2.操作步骤

步骤一:划线,打底孔,倒角。

步骤二:将工件装加在台虎钳上,要求孔口轴线与钳口平齐。

步骤三:将圆杆端部倒成锥半角为15°。

步骤四:起套时,要使板牙的端面与圆杆垂直。要在转动板牙时施加轴向压力,转动要慢,压力要大。当板牙切入材料2~3圈时,要及时检查并校正螺牙端面与圆杆是否垂直,否则切出的螺纹牙型一边深一边浅,甚至出现乱牙。

步骤五:进入正常套螺纹状态时,不要在再加压,让板牙自然引进,以免损坏螺纹和板牙,并要经常倒转断屑。

步骤六:套螺纹时加较浓的乳化液或机械油。

步骤七:检验全部尺寸,去毛刺。

步骤八:打钢印号,交件。

3.注意事项

(1)起套时,要从两个方向对垂直度进行及时校正,以保证套螺纹质量。

(2)套螺纹时要控制两手用力均匀和掌握用力限度,防止孔口乱牙。

（3）套螺纹后螺纹口要倒角去毛刺，以免影响测量精度。

（4）套螺纹时要倒转断屑和清屑。

（5）做到安全文明操作。

4.评分标准

表 4.24

序号	考核要求	配分	评分标准	实测结果	得分
1	M12-6 g	30	超差不得分		
2	R_a12.5	20	升高一级不得分		
3	螺纹不应有乱扣、滑牙	20	超差不得分		
4	套螺纹方法要正确	20	超差不得分		
5	安全文明生产	10	视情节轻重着重扣分		

课题 **5**

钳工综合技能训练

项目一　锉锯综合练习

一、工件图（如图 5.1）

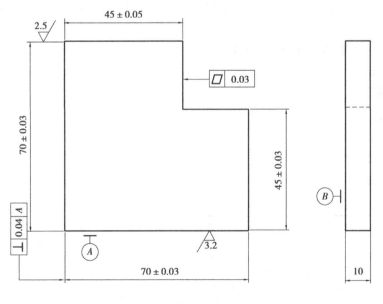

图 5.1

二、训练目标

①巩固锉、锯的技能，达到一定的精度要求；

②初步掌握内直角的加工测量方法。

三、训前准备

①设备:台虎钳、平台。

②工量具:手锯、板锉(粗、中、细)、游标卡尺、千分尺(25~50 mm、50~75 mm)、高标尺、钢板尺、90°角尺、刀口尺。

③材料:Q235,规格为75 mm×75 mm×10 mm。

四、训练指导

1.工艺分析

(1)公差等级:IT8。

(2)形位公差:各加工面与大面垂直度为0.03 mm,与基准面 A 的垂直度为0.04 mm。

2.操作步骤

步骤一:备料,75 mm×75 mm(±0.1)。

步骤二:加工①面,保证平面度0.03 mm,垂直度0.03 mm。

步骤三:加工②面,保证平面度0.03 mm,与基准面①的垂直度为0.04 mm。

步骤四:依图样划出所有线条,45、70(分别以①、②面为基准)。

步骤五:锯削③面,保尺寸70±0.30 mm。

步骤六:锯削④面,粗精锉该面,保尺寸70±0.03 mm。

步骤七:锯掉一角,锯削工艺槽,粗精锉两面,保证两个尺寸45±0.05 mm,垂直度0.04 mm,90°直角。

步骤八:毛刺,检查尺寸,打钢印号。

步骤九:交件。

3.注意事项

(1)直角尺、千分尺的正确使用。

(2)内直角清角彻底。

(3)安全文明操作。

4.评分标准

表 5.1

工件号		座号		姓名		总得分	
项目	质量检测内容		配分	评分标准		实测结果	得分
锉削	70±0.03 mm(2处)		20分	超差不得分			
	45±0.05 mm(2处)		20分	超差不得分			
	⊥ 0.04 A (1处)		4分	超差不得分			
	⊥ 0.03 B (5处)		30分	超差不得分			
	R_a3.2(5处)		10分	升高一级不得分			
锯削	R_a25(1处)		6分	升高一级不得分			
安全文明生产			10分	违者不得分			

项目二　钻、锪、铰、攻丝的综合练习

一、工件图(如图 5.2)

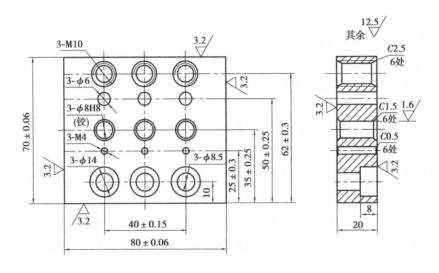

图 5.2

二、训练目标

①巩固钻孔、扩孔、铰孔、攻丝等基本技能;

②按划线钻孔能达到一定的位置精度要求。

三、训前准备

①工量刃具:划规、样冲、板锉、丝锥(M4、M10)、铰杠、麻花钻(φ3.3 mm、φ6.7 mm、φ7.8 mm、φ8.5 mm、φ14 mm)、φ8 mm 手用铰刀、钢直尺、游标卡尺、游标高度尺。

②材料:HT200,规格为 81 mm×71 mm×20 mm。

四、新课指导

1.工艺分析

(1)攻螺纹前底孔直径的确定:

加工铸铁和脆性较材料:

$$D_{钻} = D - (1.05 \sim 1.1)P$$

式中　$D_{钻}$——攻螺纹底孔直径,mm;

　　　D——螺纹大径,mm;

　　　P——螺距,mm。

加工 M4 的螺纹底孔 $D_{钻} = D - (1.05 \sim 1.1)P$

$$= 4 - (1.05 \sim 1.1) \times 0.7$$

$$= 3.265 \text{ mm} \quad 取 3.3 \text{ mm}$$

加工 M10 的螺纹底孔 $D_{钻} = D - (1.05 \sim 1.1)P$

$$= 10 - (1.05 \sim 1.1) \times 1.5$$

$$= 8.425 \text{ mm} \quad 取 8.5 \text{ mm}$$

（2）铰孔前孔径的确定：

$\phi 8H8$ 的底孔为 $\phi 7.8$ mm。

2. 操作步骤

步骤一：加工毛坯件基准，锉削外形尺寸，达到图样要求 80 ± 0.06 mm $\times 70 \pm 0.06$ mm $\times$ 20 mm尺寸。

步骤二：按图样要求划出各孔的加工线。

步骤三：完成本训练所用钻头的刃磨，并试钻，达到切削角度要求。

步骤四：平口钳装夹工件，按划线钻 3—$\phi 6$ mm 孔、3—$\phi 3.3$ mm 孔、3—$\phi 7.8$ mm 孔、6—$\phi 8.5$ mm孔，达到位置精度要求。

步骤五：在 3—$\phi 3.3$ mm 孔口倒角，分别在 3—$\phi 7.8$ mm 和第一排 3—$\phi 8.5$ mm 的孔口锪 45°锥形埋头孔，深度按图样要求。在第五排 3—$\phi 8.5$ mm 的孔口用柱形锪钻锪出 $\phi 14$ mm、深 8 mm 沉孔。

步骤六：攻制 3—M4、3—M10 螺纹，达到垂直度要求。

步骤七：铰削 3—$\phi 8H8$ 的孔，达到垂直度要求。

步骤八：去毛刺，复检。

3. 注意事项

（1）划线后在各孔中心处打样冲眼，落点要准确。

（2）用小钻头钻孔，进给力不能太大以免钻头弯曲或折断。

（3）钻头起钻定中心时，平口钳可不固定，待起钻浅坑位置后再压紧，并保证落钻时钻头无弯曲现象。

（4）起攻时，两手压力均匀。攻入 2~3 齿后，要矫正垂直度。正常攻制后，每攻入一圈要反转半圈，牙型要攻制完整。

（5）做到安全文明生产操作。

4. 评分标准

表 5.2

工件号		工位号		姓名		总得分	
项目	质量检测内容		配分	评分标准		实测结果	得分
锉削	80 ± 0.06 mm		10 分	超差不得分			
	70 ± 0.06 mm		10 分	超差不得分			
	表面粗糙度 $R_a 3.2$ μm		6 分	升高一级不得分			

续表

工件号		工位号		姓名		总得分	
项目	质量检测内容		配分	评分标准		实测结果	得分
钻、锪、铰、攻丝	62±0.3 mm		8分	超差不得分			
	50±0.25 mm		8分	超差不得分			
	35±0.25 mm		8分	超差不得分			
	25±0.30 mm		5分	超差不得分			
	40±0.15 mm		9分	超差不得分			
	3—ϕ8H8		3分	超差不得分			
	3—M4		3分	超差不得分			
	3—M10		3分	超差不得分			
	3—ϕ14 mm		3分	超差不得分			
	3—ϕ8.5 mm		3分	超差不得分			
	表面粗糙度 R_a1.6 μm		3分	升高一级不得分			
	倒角		9分	不加工不得分			
	安全文明生产		9分	违者不得分			

项目三　凹凸体锉配

一、工件图(如图5.3)

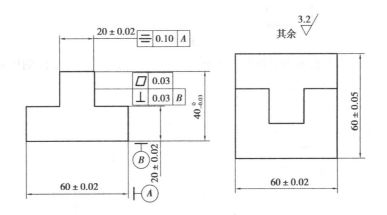

技术要求:
1.以凸件为基准,凹件配作;
2.配合间隙≤0.04 mm,两侧错位量≤0.06。

图5.3

二、训练目标

①掌握具有对称度要求的工件划线;

②正确使用和保养千分尺;

③初步掌握具有对称度要求的工件加工和测量方法;

④熟练锉、锯的技能,并达到一定的加工精度要求,为锉配打下必要的基础。

三、训前准备

①设备:台虎钳、钳台、砂轮机、钻床、划线平板、方箱。

②工量具:高度尺、钢板尺、卡尺、千分尺(0~25)(25~50)(50~75)刀口尺、刀口角尺、钻头、手锯、板锉(粗、中、细)、方锉、什锦锉。

③材料:Q235,尺寸为 64 mm×41 mm×8 mm(2 块)。

四、训练指导

1.工艺分析

(1)对称度概念

1)对称度误差是指被测表面的对称平面与基准表面的对称平面间的最大偏移距离 Δ,如图 5.4 所示。

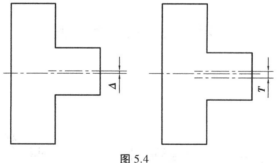

图 5.4

2)对称度公差带是指相对基准中心平面对称配置的两个平行面之间的区域,两平行面距离即为公差值,如图 5.4 所示。

(2)对称度测量方法:

测量被测表面与基准表面的尺寸 A 和 B,其差值之半即为对称度误差值,如图 5.5 所示。

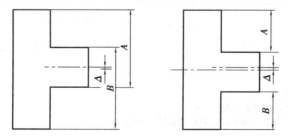

图 5.5

（3）对度形体工件的划线,对于平面对称工件的划线,应在形成对称中心平面的两个基准面精加工后进行。划线基准与该两基准面重合,划线尺寸则按两个对称基准平面间的实际尺寸及对称要素的要求尺寸计算得出。

2.操作步骤

步骤一:备料 61×41×8,两块。

步骤二:按图样要求锉削好外轮廓基准面,达到尺寸（60±0.02）mm,$40_{-0.03}^{0}$ 及垂直度和平面度的要求。

步骤三:按要求划出凹凸体加工线,并钻工艺孔。

步骤四:加工凸形体。

1)按划线锯去左上角,粗、细锉两垂直面。保（20±0.02）mm,40 mm 两尺寸（40 的尺寸尽可能准确,从而保证对称度要求）;

2)按划线锯去右上角,粗、细锉两垂直面。保（20±0.02）mm 两处。

步骤五:加工凹形体。

1)用钻头钻出排孔,并锯除凹形体的多余部分,然后粗锉至接近线条。

2)细锉凹形体顶端面,保证 20 mm 的尺寸,从而保证达到与凸形件的配合精度要求。

3)细锉两侧垂直面,通过测量 20 mm 的尺寸,保证凸形体较紧塞入。

4)精锉各配合面,达到配合精度要求。

步骤六:全部锐边倒角,并检查全部尺寸精度。

3.注意事项

（1）为了能对 20 mm 凸凹形的对称度进行测量控制,60 mm 的实际尺寸必须测量准确,并应取各点实测的平均数值。

（2）20 mm 凸形体加工时,只能先去掉一垂直角角料,待加工至要求的尺寸公差后,才去掉另一垂直角角料。

（3）为达到配合后转位互换精度,在凸凹形面加工时,必须控制垂直误差（包括与大平面 B 面的垂直）在最小的范围内。

（4）在加工垂直面时,要防止锉刀侧面碰坏另一垂直侧面,因此必须将锉刀一侧在砂轮上进行修磨,并使其与锉刀面夹角略小于 90°（锉内垂直面时）,刃磨后最好用油石磨光。

4.评分标准

表 5.3

序号	考核内容	考核要求	配分	评分标准	检测结果	扣分	得分
1		20±0.02 mm（2 处）	12	超差不得分			
2		$40_{-0.03}^{0}$ mm	8	超差不得分			
3		60±0.02 mm（2 处）	12	超差不得分			
4	锉削	▤ 0.10 A	6	超差不得分			
5		▢ 0.03	10	超差不得分			
6		⊥ 0.03 B	10	超差不得分			
7		表面粗糙度 R_a3.2 μm	10	升高一级不得分			

续表

序号	考核内容	考核要求	配分	评分标准	检测结果	扣分	得分
8	锉配	配合间隙≤0.04 mm	4×5	超差不得分			
9		错位量≤0.06 mm	6	超差不得分			
10		60±0.05 mm	6	超差不得分			
11	安全文明生产						

项目四 角度对块锉配

一、工件图(见图 5.6)

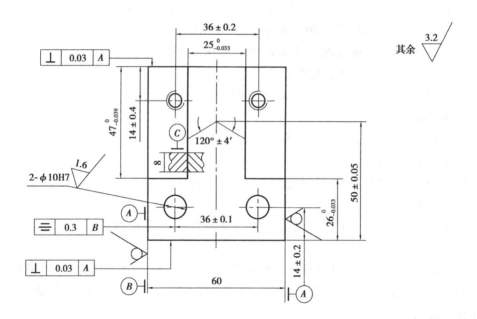

技术要求:

1.以凸件为基准,凹件配作;

2.配合互换间隙≤0.04 mm,两侧错位

量≤0.05 mm。

图 5.6

二、训练目标

①掌握对称工件的加工方法。

②提高角度对称工件的加工技巧。

三、训前准备

①设备:划线平台、方箱、钻床、砂轮机等。

②工具、量具:高度游标尺、万能角度尺、角度样板、百分表、90°角尺、刀口尺、塞规、ϕ10H7手用直铰刀、钻头、铰杠及合适的各种锉刀、手锯等。

③材料45钢,毛坯规格100 mm×60 mm×8 mm(1块)。

四、操作指导

1.工艺分析

(1)公差等级:锉配 IT8、铰孔 IT7、攻螺纹 7H。

(2)形位公差:锉配垂直度 0.03 mm、铰孔对称度 0.30 mm、攻螺纹垂直度 0.40 mm。

(3)表面粗糙度:锉配 R_a3.2 μm、铰孔 R_a1.6 μm、攻螺纹 R_a6.3 μm。

(4)配合间隙≤0.04 mm、错位量≤0.05 mm。

(5)此件为角度对块,属于开式对配类型,根据技术要求和评分表可知,保证工件的对称度是关键,特别是120°角部分两斜面的长短要一致;因为凸件是基准,因此要想办法提高凸件的加工精度以保证配合要求。

(6)确定工艺如下:

检验毛坯→确定、修整基准→划线、分割毛坯→加工基准件(凸件)→加工配合件(凹件)→锉配→铰孔、攻螺纹→检查、打字交工件

2.操作步骤

步骤一:检验毛坯,了解毛坯误差与加工余量。

清理→检验形位精度→检验尺寸精度→检验表面粗糙度→检验其他缺陷。毛坯必须达到备料图规定的各项要求。

★特别提示:根据图纸要求,尺寸 60±0.1 mm 的两侧面不允许加工,故其平行度误差不能大于 0.02 mm;各侧面对于基准面 B 的垂直度误差不能大于 0.01 mm。

步骤二:确定加工基准并对基准进行修整。

按图样确定加工基准→修整。

(1)按图样要求选择毛坯上的 A、C、F 三个面为基准面,修整 D、E。

(2)A、F、D、E 对于 C 的垂直度误差小于或等于 0.01 mm,F、D 对于 A 的垂直度误差小于等于 0.015 mm,E 对于 A 的平行度误差小于等于 0.02 mm。(如图 5.7)

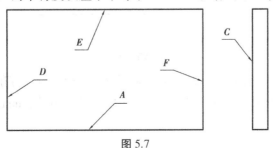

图 5.7

★特别提示:备料中两端面垂直度 A 为 0.10 mm 的精度不能满足锉配使用要求;基准面 A、E 的精度由备料保证;两端面 F、D 对基准面 A、C 的垂直度误差分别不大于 0.015 mm 和0.01 mm。

步骤三:划线、钻排料孔、分割。

涂料→划线→检查→钻排料孔→分割→去除毛刺。

(1)按图样要求对毛坯划线(钻孔线和螺纹孔线可暂不划),划线后形状如图 5.8。

(2)钻排料孔,去除孔口毛刺。

(3)将工件锯削为两件,即凸件和凹件,并为尺寸 47 mm 留加工余量 0.3~0.5 mm。

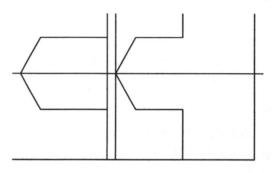

图 5.8

★特别提示:所有划线尺寸要正确;线条清晰,粗细均匀,长短合适;钻排料孔要保证相切,确保排料顺畅。

步骤四:加工基准件→凸件(如图 5.9)。

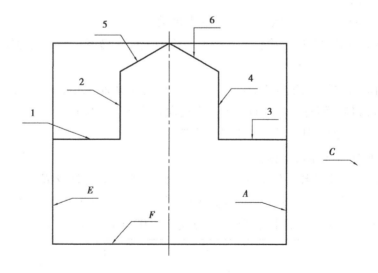

图 5.9

(1)加工平面 1、2:锯削平面 1、2,去除多余部分,留 0.5 mm 的锉削余量;粗锉 1、2 两面到留 0.1 mm 余量,然后采用细锉精修保证 1 面和 F 面尺寸 $26_{-0.03}^{0}$ mm,保证 2 面和 A 面尺寸 42.5 ± 0.015 mm。

（2）加工平面3、4:锯削3、4面预留0.5 mm的锉削余量,然后粗锉3、4面留0.1 mm左右的细锉精修余量,保证3和F面尺寸$26_{-0.03}^{0}$ mm,2和4面尺寸$25_{-0.033}^{0}$ mm,同时检查2、4两面对基准B的对称度应小于等于0.05 mm。

（3）加工面5、6:锯削5、6面留0.5 mm的粗锉余量,粗锉5、6两面留0.1 mm的细锉余量,采用细锉精修5和6两面保证120°±4′。

★特别提示:在加工基准件(凸件)时,为了保证两侧面错位量小于等于0.05 mm,只能先去掉一端角料,待加工至规定要求后才能去掉另一端角料;基准件上对称平面的形位公误差尽量"对称",即平面1与平面3对基准F的平行度误差方向相反,平面4对平面3的垂直度误差方向与平面2对平面1的垂直度误差方向相反;基准件上对称平面的尺寸误差尽量"一致",平面1与平面3对基准F的尺寸为$26_{-0.033}^{0}$ mm;由于配合间隙要求小于等于0.04 mm,平面3和平面4的对称中心面与基准F的垂直度误差小于等于0.02 mm。

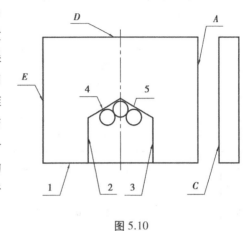

图5.10

步骤五:加工配合件→凹件(如图5.10)。

（1）加工平面1:粗锉加工留0.1 mm的细锉精修余量,以基准面D、A为基准,精锉平面1至$47_{-0.039}^{0}$ mm。

（2）加工平面2、3:锯削2、3两面,采用刃磨锯条伸到排料孔中,锯掉中间余料留0.5 mm的粗锉余量;粗锉2、3两面预留0.1 mm左右的细锉精修余量,4、5两面要适当多留点修锉余量。

★特别提示:在加工配合件时,应先锉削凹件的一个侧面,并参照60 mm尺寸以及凸件凸台的25 mm实际尺寸,通过控制17.5 mm[(60 mm实际尺寸−25 mm实际尺寸)/2+1/2间隙值]的尺寸误差来达到配合后的两侧面错位量要求。

步骤六:锉配。

锉配平面2、3→锉配平面4、5。

（1）以凸件为基准件锉配平面2、3,至配合间隙。

（2）翻转锉配凹件4、5面和凸件5、6面预留的锉配余量,至配合间隙。

★特别提示:翻转锉配凹件4、5面和凸件5、6面时,要正确判断加工面。

步骤七:铰孔、攻螺纹。

划线→钻$\phi 6.8$ mm孔→钻$\phi 9.8$ mm孔→锪$\phi 12$ mm×120°孔→铰$\phi 10$ mm孔→攻M8螺纹孔→去除毛刺

★特别提示:凸件和凹件的划线尺寸相同,但钻孔的大小不同,故钻孔时要特别注意。

步骤八:检查、打字、交工件。

3.注意事项

（1）凸件120°角处的两斜面也可利用百分表结合两块正弦规检测。

（2）两钻铰孔和螺纹孔的加工可安排在第一步进行,对工件其他技术要求无影响。

（3）保证对称度应遵循中间偏差的原则对工件进行加工。

（4）攻螺纹时可选择机油作为切削液,铰孔时选择煤油、或肥皂水做切削液。

4.评分标准

表 5.4

序号	考核内容	考核要求	配分	评分标准	检测结果	扣分	得分
1	锉配	$25_{-0.033}^{0}$ mm	5	超差不得分			
2		$26_{-0.033}^{0}$ mm(2 处)	5	超差不得分			
3		$120°\pm4'$	4	超差不得分			
4		$47_{-0.039}^{0}$ mm(2 处)	4	超差不得分			
5		表面粗糙度:R_a3.2(14 处)	7	升高一级不得分			
6		⊥ | 0.03 | A (2 处)	5	超差不得分			
7		配合间隙≤0.04 mm(6 处)	24	超差不得分			
8		错位量≤0.05 mm	6	超差不得分			
9	铰孔	2-ϕ10H7	2	超差不得分			
10		表面粗糙度:R_a1.6(2 处)	4	升高一级不得分			
11		36 ± 0.10 mm	6	超差不得分			
12		≡ | 0.3 | B	3	超差不得分			
13	攻螺纹	2-M8	5	超差不得分			
14		表面粗糙度:R_a6.3(2 处)	3	升高一级不得分			
15		36 ± 0.20 mm	4	超差不得分			
16		⊥ | 0.4 | C	3	超差不得分			
17		安全文明生产					

项目五　凸凹斜面锉配

一、工件图(见图 5.11)

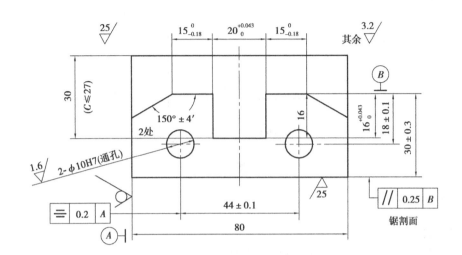

技术要求:

1.以凸件为基准,凹件配作。配合互换间隙≤0.05 mm,
   两侧错位量≤0.06 mm;
2.锯割一次完成,不得接锯、修锯。

图 5.11

二、训练目标

①提高锉配技能和熟练程度。

②提高锯割操作技能。

三、训前准备

①设备:台虎钳、钳台、钻床、砂轮机、方箱、划线平板。

②工量刃具:高度尺、卡尺、千分尺、深度千分尺、角度尺、刀口角尺、塞尺、塞规、铰刀、钻头、铰杠、锯条、锯弓、锤子、样冲、划针、钢直尺、錾子、板锉、方锉、三角锉、整形锉、软钳口、锉刀刷等。

③材料:Q235,坯料图:(见图 5.12)。

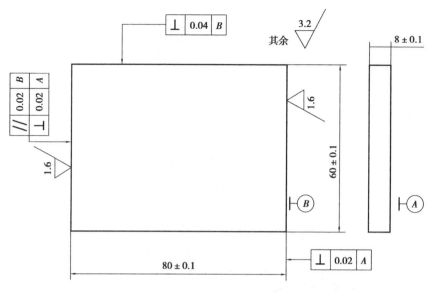

图 5.12

四、操作指导

1.工艺分析

（1）公差等级：锉配 IT8、钻孔 IT11、铰孔 IT7。

（2）形位公差线轮廓度 0.02 锉配面平面度、垂直度 0.03。

（3）考察平面和外曲面的锉削技巧，因此确定基本加工工艺如下：

检验毛坯→加工凸件→加工凹件→锉配→钻、铰孔→检验交件。

2.操作步骤

步骤一：检查坯料情况，作必要修整。

步骤二：按图样划出各面加工线，锯割分料并倒角，达到图样要求。

步骤三：加工凸件凹槽和150°角，达到图纸要求。

步骤四：按划线钻排孔去除凹件余料，粗锉接近尺寸线。

步骤五：按凸件实际尺寸配作凹件凸台，并以此为导向配作其余各面，达到配合要求。

步骤六：划线，钻、铰孔。

步骤七：去毛刺，全面复检精度要求。

3.注意事项

（1）工件一定要对称，特别是凸台和凹槽，其直接影响到两侧错位量。

（2）150°角斜边留修整余量。

4.评分标准

表 5.5

项目	序号	考核要求	配分	自检结果	实测结果	得分
凸件	1	$20^{+0.043}_{0}$	6			
	2	$15^{0}_{-0.18}$（2 处）	3×2			
	3	$150°\pm4$（2 处）	4×2			

续表

项目	序号	考核要求	配分	自检结果	实测结果	得分
凸件	4	$16^{+0.043}_{0}$	6			
	5	$R_a 3.2$(7 处)	0.5×7			
	6	30 ± 0.3	8			
	7	// | 0.25 | B	3			
	8	$2\text{-}\phi10H7$	3			
	9	18 ± 0.1	3			
	10	44 ± 0.1	5			
	11	≡ | 0.2 | A	5			
	12	$R_a 1.6$(2 处)	2			
凹件	13	$C\geqslant27$	2			
	14	$R_a 3.2$(7 处)	0.5×7			
配合	15	间隙≤0.05(14 面)	28			
	16	错位量≤0.06(2 次)	8			
其他	17	安全文明生产	违者视情节轻重扣 1~10 分			

项目六　单燕尾锉配

一、工件图(见图 5.13)

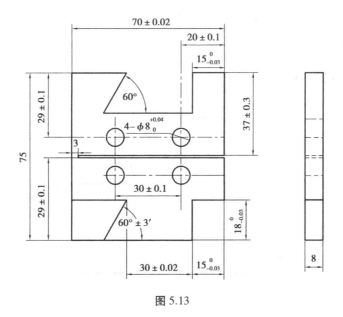

图 5.13

二、训练目标

①懂得影响工件质量的各种因素及消除方法;

②掌握正确的加工方法和测量方法;

③巩固提高各项基本操作技能技巧水平。

三、课前准备

①设备:划线平板、方箱、钻床、台虎钳、各种切削液等。

②工量具:卡尺、千分尺(0~25、25~50、50~75、75~100)、万能角度尺、高标、钢板尺、刀口尺、刀口角尺、手锯、锯条、台虎钳、锉刀等。

③材料:20钢,尺寸规格及要求见图5.14。

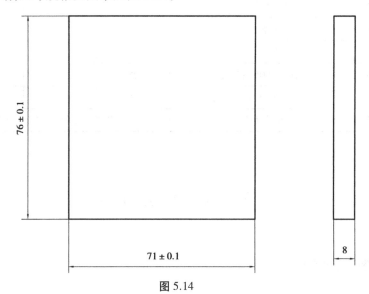

图 5.14

四、训练指导

1.工艺分析(见图5.15)

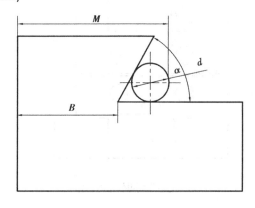

图 5.15

燕尾斜面锉削时的尺寸测量,一般都采用间接的测量法,其测量尺寸 M 与尺寸 B、圆柱直径 d 之间有如下关系:

$$M = B + d/2 \cot \alpha + 2/d$$

式中　M——测量读数值,mm；

　　　　B——燕尾斜面于槽底的交点至侧面的距离,mm；

　　　　d——圆柱量棒的直径尺寸,mm；

　　　　α——斜面的角度值。

2.操作步骤

步骤一:备料 $76 \pm 0.1 \times 710.1 \pm \times 8$ 一块。

步骤二:修整基准面,锉削外形尺寸保证 75 及 70 的尺寸尽量准确。

步骤三:根据图纸要求划出全部线条。

步骤四:加工凸形部分:

(1)锯去右侧直角的多余部分,锉削两面保证尺寸 15 及 18 的要求。

(2)锯去左侧的燕尾得多余部分,先锉削底面保证 18 的尺寸要求。然后锉削斜面保证 30 及 60° 的尺寸要求。

步骤五:加工凹形部分:

(1)打排屑孔,锯去多余部分,粗锉各面至接近线条处。

(2)细锉右侧面,保证 15 的尺寸。

(3)细锉底面,保证 18 的尺寸。

(4)细锉斜面,保证 60° 的角度及配合要求。

(5)精修各个配合面,保证配合间隙。

步骤六:去毛刺,检查各处尺寸,打号交件。

3.注意事项

(1)本工件的测量多为间接测量,所以各基础精度误差(外形面)应控制在最小范围内,如尺寸精度,平面度各面垂直度。

(2)尺寸 18 应考虑配合后的松紧程度,所以尺寸应控制在合适的公差范围内,并注意尺寸误差方向不要出现错误。

(3)角度 60° 应尽量准确并注意角度误差方向不要出现错误。

(4)凹体部分与凸体部分配合的尺寸 30 ± 0.02 mm 应考虑到配合的松紧程度,尺寸可适当大些,但要保证配合间隙达到要求。

(5)与外形尺寸平行的各加工面,其平行度误差应控制在最小范围内。

4.评分标准

表 5.6

序号	考核内容	考核要求	配分	评分标准	检测结果	扣分	得分
1	锉配	70 ± 0.02 mm	5	超差不得分			
2		$15_0^{0.03}$ mm	7	超差不得分			
3		$15_{-0.03}^{0}$ mm	7	超差不得分			
4		$18_{-0.03}^{0}$ mm	7	超差不得分			

续表

序号	考核内容	考核要求	配分	评分标准	检测结果	扣分	得分
5	锉配	30±0.02 mm	8	超差不得分			
6		60°±3′	5	超差不得分			
7		$R_a3.2$ μm	10	升高一级不得分			
8		配合间隙≤0.04 mm(5)	20	超差不得分			
9		错位量 0.04 mm	5	超差不得分			
10	锯削	37±0.3 mm	5	超差不得分			
11		$R_a12.5$ μm	2	升高一级不得分			
12	铰孔	29±0.1 mm	4	超差不得分			
13		30±0.1 mm	4	超差不得分			
14		20±0.1 mm	3	超差不得分			
15		$4-\phi8^{+0.04}_{0}$	4	超差不得分			
16		$R_a1.6$ μm	4	升高一级不得分			

项目七 燕尾样板加工

一、工件图(见图 5.16)

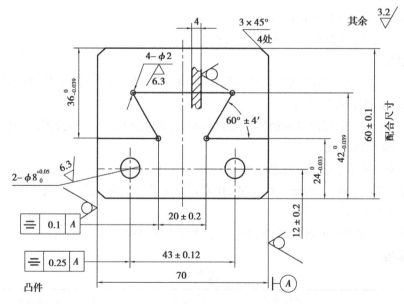

技术要求:
1.以凸件(下)为基准,配作凹件(上),配合互换
  间隙≤0.04 mm;
2.两侧错位量≤0.06 mm。

图 5.16

二、训练目标

①掌握对称角度工件的加工及检测方法;

②提高对燕尾形工件的试配方法和技巧。

三、训前准备

①设备:划线平台、方箱、台式钻床、平口钳、台虎钳、砂轮机等。

②必备工量具:游标高度尺、游标卡尺、万能角度尺、千分尺(0~25、25~50、50~75),杠杆百分表(0~0.8 mm)、磁性表架、手用直铰刀(ϕ8H7),直柄麻花钻(ϕ7.8 mm),200 mm 铰杠,常用锉刀(板锉、三角锉、手锯、软钳口、锤子、样冲、刚直尺等)。

③备料:45 钢、规格及要求见图 5.17。

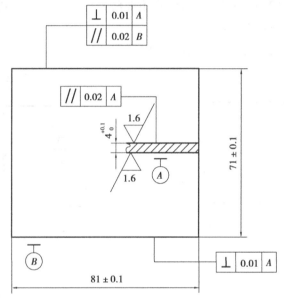

图 5.17

四、训练指导

1.工艺分析

(1)公差等级:锉配 IT8、IT10。

(2)形位公差:锉配对称度 0.1 mm、钻孔对称度 0.25 mm。

(3)表面粗糙度:锉配 R_a3.2 μm、钻孔 R_a6.3 μm。

(4)主要考查对角度工件加工方法的掌握情况,属于半封闭式配合件,关键是如何保证燕尾处的对称度和配合间隙以及两件配合后的错位量是否符合技术要求。首先确定基本加工工艺如下:检验毛坯→加工凸件→加工凹件→锉配→交检。

2.操作步骤

步骤一:检验毛坯,了解毛坯误差与加工余量。

清理(毛刺、油污)→检验形位精度→检验尺寸精度→检验表面粗糙度→检验其他缺陷。毛坯必须达到备料图中规定的各项技术要求。

步骤二:确定加工基准并对基准进行修整。

按图样确定加工基准并修整。

★特别提示:备料中两端面垂直度小于等于 0.01 mm。

步骤三:划线、钻工艺孔、钻排料孔、分割。

涂料→划线→检查→钻工艺孔→钻排料孔→分割→去除毛刺。

(1)按考核图的规定在毛坯上划线。

(2)钻工艺孔。

(3)钻 6~7 个 $\phi 4$ mm 的排料孔,去除孔口毛刺。

(4)将工件锯削为两件,即凸件和凹件。

★特别提示:钻 $\phi 2$ mm 工艺孔时,注意不要将凸件和凹件上的孔钻反;排料孔应尽量均匀相切,尽量少钻多锯以控制加工余量。

步骤四:加工基准件(见图 5.18、图 5.19)。

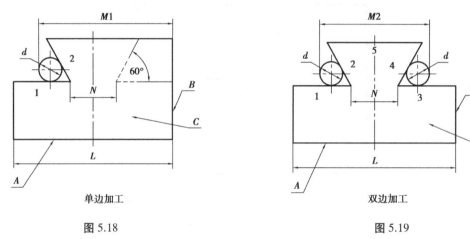

图 5.18   图 5.19

（单边加工）   （双边加工）

(1)加工平面 1、2,如图 5.18 所示:锯削平面 1、2,去除多余部分;交替粗、细锉平面 1、2;以基准面 A、C 为基准,精锉平面 1 到 $24_{-0.033}^{0}$ mm;以 B、C 为基准,精锉平面 2,使尺寸 $M1=L/2+N/2+\cot 30°$ $d/2+d/2$。

(2)加工平面 3、4,如图 5.19 所示;锯削平面 3、4,去除多余部分;交替粗、细锉平面 3、4;以基准面 A、C 为基准,精锉平面 3 到 $24_{-0.033}^{0}$ mm;以 B、C 为基准,精锉锉平面 4,使尺寸 $M2=2(2/N+\cot 30°$ $d/2+d/2)$

(3)加工平面 5:粗锉平面 5,细锉平面 5,以 A、C 为基准,精锉平面 5 至尺寸 $42_{-0.039}^{0}$ mm。

★特别提示:加工基准件(凸件)时,为了保证两侧错位量小于等于 0.06 mm,只能先去掉一端角料,待加工至规定要求后才能去掉另一端角料;基准件对称平面的形位误差尽量"对称",即平面 1 与平面 3 对基准 A 的平行度误差方向相反;在加工过程中,其角度应用万能角度尺与角度样板进行测量;在测量尺寸 M1、M2 时,应用 $\phi 10$ mm 圆柱检验棒辅助测量。

步骤五:加工配合件(凹件)(见图 5.20)。

（1）加工平面 1，如图 5.20 所示：粗锉平面 1，细锉平面 1，精锉至 $36_{-0.029}^{0}$ mm。

（2）加工平面 2、3、4：锯削平面 2、3，采用修磨后的锯条锯削平面 4，交替粗、细锉平面 2、3、4，留加工余量 0.1～0.11 mm，精锉平面 2、3、4 至要求尺寸。

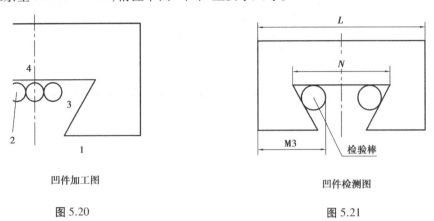

凹件加工图   凹件检测图

图 5.20   图 5.21

★特别提示：在加工配合体时，应先锉凹件的一个斜面，并通过控制图中尺寸 M3 来达到配合要求，如图 5.21 所示：$[M3=(L-N)/2+\cot 30° \quad d/2+d/2]$

步骤六：锉配。

锉配凹件上的平面 2、3、4：以凸件为基准锉配平面 2、3、4 至配合间隙。

★特别提示：在锉配凹件时，应注意平面 1、2、3、4 与基准面的垂直度，防止出现喇叭口。

步骤七：检查、修整、打字、交工件。

3.注意事项

（1）两面 60°角不能同时锯下，否则会失去基准。

（2）同向尺寸的加工误差方向要一致。

（3）规定的不加工表面不能锉削，否则按违纪处理。

（4）做到安全操作，文明生产，遵守各项操作规程。

4.评分标准

表 5.7

序号	考核内容	考核要求	配分	评分标准	检测结果	扣分	得分
1	锉配	$42_{-0.039}^{0}$ mm	8	超差不得分			
2		$36_{-0.039}^{0}$ mm	8	超差不得分			
3		$24_{-0.033}^{0}$ mm	7	超差不得分			
4		60°±4′（两处）	10	超差不得分			
5		20±0.20 mm	3	超差不得分			
6		表面粗糙度：R_a3.2 μm（2 处）	2	升高一级不得分			
7		▥ 0.1 A	10	超差不得分			
8		配合间隙≤0.04 mm（5 处）	20	超差不得分			
9		错位量≤0.06 mm	10	超差不得分			

续表

序号	考核内容	考核要求	配分	评分标准	检测结果	扣分	得分
10	钻孔	$2-\phi 8^{+0.05}_{0}$ mm	2	超差不得分			
11		12 ± 0.20 mm(2处)	2	超差不得分			
12		43 ± 0.12 mm	2	超差不得分			
13		表面粗糙度:$R_a 6.3$ μm(2处)	3	升高一级不得分			
14		▤ 0.25 A	3	超差不得分			

项目八 双燕尾加工

一、工件图(见图5.22)

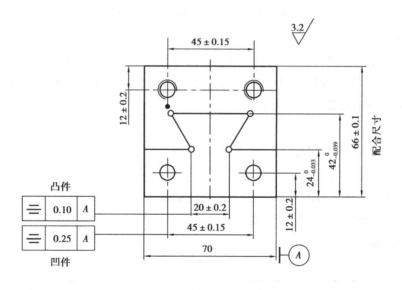

图 5.22

二、训练目标

掌握角度锉配和误差的检查方法。

三、训前准备

①设备:台虎钳、钳台、砂轮机、钻床、划线平板、方箱。

②工量具:高度尺、钢板尺、卡尺、千分尺(0~25)(25~50)(50~75)刀口尺、刀口角尺、划针、样冲、划规、錾子、锤子、M10丝锥、铰杠、钻头、手锯、板锉(粗、中、细)、方锉、什锦锉。

③材料:45钢,尺寸88±0.1 mm×71±0.1 mm×10 mm。

146

四、训练指导

1.工艺分析

（1）公差等级：锉配 IT8、钻孔 IT11。

（2）形位公差：锉配平面度、垂直度 0.03 mm，对称度 0.05 钻孔位置度为 0.1。

2.操作步骤

步骤一：自制 60°角度样板（图 5.23）。

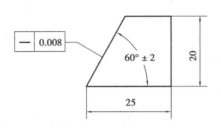

图 5.23

步骤二：检查来料尺寸，按图样要求划出燕尾凹凸件加工线。钻 4-ϕ2 mm 工艺孔，燕尾凹槽用 ϕ11 mm 的钻头钻孔，再锯削分割凹凸燕尾件。（图 5.24）。

步骤三：加工燕尾凸件（图 5.25）。

（1）按划线锯削材料，留有加工余量 0.8~1.2 mm。

（2）锉削燕尾槽的一个角，完成 60°±4′ 及 24$_{-0.033}^{0}$ mm 尺寸，达到表面粗糙度 R_a3.2 μm 的要求。

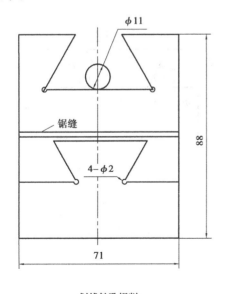

划线钻孔锯削

图 5.24

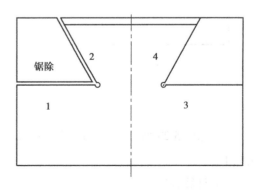

加工燕尾凸件

图 5.25

（3）用百分表测量控制加工面 1 与底面平行度，并用千分尺控制尺寸 24 mm。

（4）利用圆柱测量棒间接测量法，控制边角尺寸 M（见图 5.26）。

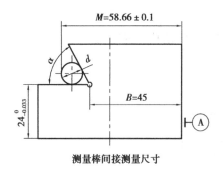

测量棒间接测量尺寸

图 5.26

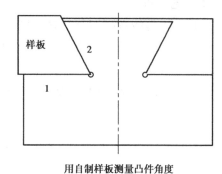

用自制样板测量凸件角度

图 5.27

测量尺寸 M 与样板尺寸 B 及圆柱测量棒 d 之间的关系如下：

$$M = B + d/2 \cot \alpha/2 + d/2$$

式中　　M——测量读数值，mm；

　　　　B——图样技术要求尺寸，mm；

　　　　d——圆柱测量棒直径，mm；

　　　　α——斜面的角度值。

（5）用自制样板测量控制 60°角（见图 5.27）。

（6）按划线锯削另一侧 60°角，留有加工余量 0.8~1.2 mm（图 5.28）。

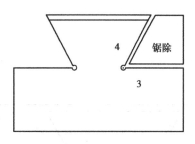

锯削另一侧角度

图 5.28

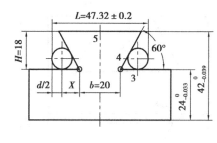

锉削另一侧加工面

图 5.29

（7）如图 5.29 所示，锉削加工另一侧 60°角面 3 与面 4，完成 60°±4′ 及 $24_{-0.033}^{0}$ mm 尺寸，方法同上。

L 的计算方法如下：

已知圆柱测量棒直径 $d = \phi 10$ mm，$\alpha = 60°$，$b = 20$ mm。

计算公式：

$$L = b + d + \cot(\alpha/2) = 20 + 10 + 10 \times \cot 30° = 47.32 \text{ mm}$$

（8）锉削加工面 5，达到 $42_{-0.039}^{0}$ mm 外形尺寸。

（9）检查各部分尺寸，去掉边棱、毛刺。

步骤四：加工燕尾凹件。

（1）如图 5.30 所示锯去燕尾凹槽余料，各面留有加工余量 0.8~1.2 mm。

（2）按划线锉削面 6、面 7 和面 8，并留有 0.1~0.2 mm 修配余量，用凸件与凹件配作，并达到图样要求和换位要求。

（3）用百分表测量控制面 6 与底面平行（图 5.31）。

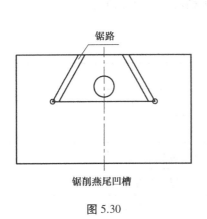

锯削燕尾凹槽

图 5.30

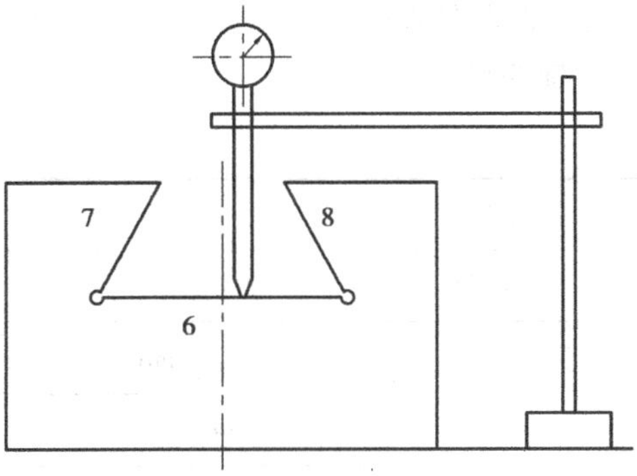

百分表测量平行度

图 5.31

（4）如图 5.32 所示，用自制 60°样板测量控制内 60°角。

（5）用圆柱测量棒测量控制尺寸 A（图 5.33）。

内燕尾槽计算方法如下：

已知 $H = 18$ mm，$b = 20$ mm，$\alpha = 60°$。

计算公式：

$$A = b + 2H/\tan \alpha - (1 + 1/\tan 1/2\alpha)d$$
$$= 20 + 36/1.732 - (1 + 1/\tan 30°) \times 10 = 13.47 \text{ mm}$$

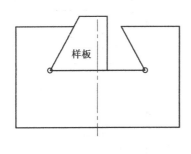

自制样板测量凹件的角度

图 5.32

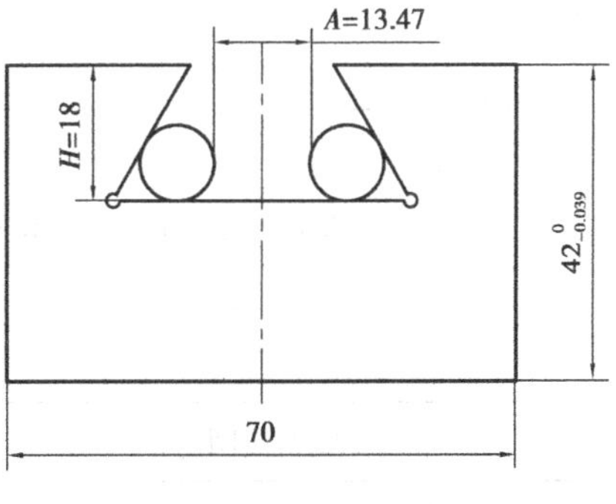

测量棒控制尺寸 A

图 5.33

（6）锉削加工凹燕尾外形，达到 $42_{-0.039}^{0}$ mm 尺寸。

步骤五：按划线钻 2-ϕ8 mm 的孔，达到孔距要求。再钻 2-ϕ8.5 mm 的孔，并用 M10 手用丝锥进行攻螺纹,达到图样要求。

步骤六:复检各尺寸,去毛刺,倒棱。

3.注意事项

(1)凸件加工中只能先去掉一端60°角料,待加工至要求后才能去掉另一端60°角料,便于加工时测量控制。

(2)采用间接测量来达到尺寸要求,必须正确换算和测量。

(3)由于加工面较狭窄,一定要锉平并与大端面垂直,才能达到配合精度。

(4)凹凸件锉配时,一般不再加工凸形面,否则失去精度基准难于进行修配。

4.评分标准

表 5.8

工件号		工位号		姓名		总得分	
项目		质量检测内容	配分	评分标准		实测结果	得分
成绩评定	锉配	$42_{-0.039}^{0}$ mm(2处)	12分	超差不得分			
		$24_{-0.033}^{0}$ mm	8分	超差不得分			
		68分 0°±4′(2处)	8分	超差不得分			
		20±0.2 mm	4分	超差不得分			
		表面粗糙度 R_a3.2 μm	8分	升高一级不得分			
		≡ 0.10 A	4分	超差不得分			
		配合间隙≤0.04 mm(5处)	20分	超差不得分			
		错位量≤0.06 mm	4分	超差不得分			
	钻孔攻螺纹	$2-\phi 8_{0}^{+0.05}$ mm	2分	超差不得分			
		2-M10	2分	超差不得分			
		12±0.2 mm(4处)	4分	超差不得分			
		45±0.15 mm(2处)	4分	超差不得分			
		表面粗糙度 R_a6.3 μm(4处)	4分	升高一级不得分			
		≡ 0.25 A	6分	超差不得分			
	安全文明生产		10分	违者不得分			
现场记录							

项目九 六角外镶配

一、工件图(见图 5.34)

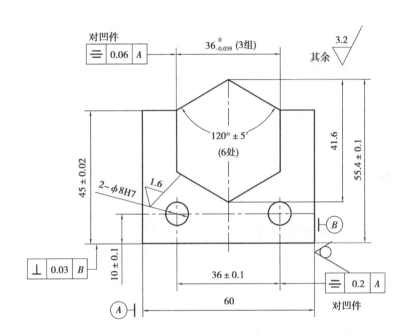

技术要求:
以凸件为基准,凹件配作。配合转位间隙≤0.04 mm

图 5.34

二、训练目标

掌握六角形体锉配方法,达到配合转换精度要求。

三、训前准备

①设备:台虎钳、钳台、钻床、砂轮机、方箱、划线平板。

②工量刃具:高度尺、卡尺、千分尺、角度尺、刀口角尺、塞尺、塞规、铰刀、钻头、铰杠、锯条、锯弓、锤子、样冲、划针、钢直尺、錾子、板锉、方锉、三角锉、整形锉、软钳口、锉刀刷。

③材料:Q235,坯料图:(见图 5.35)。

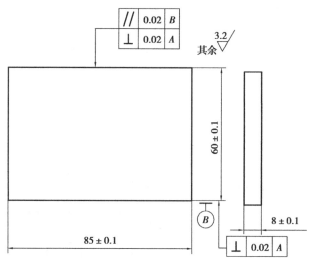

图 5.35

四、训练指导

1.工艺分析

(1)公差等级:锉配 IT8,钻孔 IT11,锯削 IT14,铰孔 IT7。

(2)形位公差:锉配平面度、垂直度 0.03 mm,对称度 0.06 mm。

2.操作步骤

步骤一:检查坯料情况,作必要修整。

步骤二:划出凹凸件加工线,锯割分料。

步骤三:加工凸件,达到尺寸和角度要求。

步骤四:划出凹件各面加工位置线。

步骤五:钻排孔去除余料,粗锉接近尺寸线。

步骤六:锉削外形尺寸 45±0.02 mm 和两侧面,并用凸件试塞,达到要求。

步骤七:以两侧为导向,以凸件为基准修锉 120° 角,达到配合间隙要求。

步骤八:作转位试配、修整。

步骤九:划线,钻、铰孔。去毛刺,全面复检精度要求。

3.注意事项

(1)加工六角时,三组尺寸 $36_{-0.039}^{0}$ mm 间的误差值应尽可能小,并做成上偏差,同时要保证平行和角度准确。

(2)锉配时,应先认向锉配,达到要求后再作转位锉配修整。

(3)注意清角。

4.评分标准

表 5.9

项目	序号	考核要求	配分	自检结果	实测结果	得分
	1	$36_{-0.039}^{0}$(3 组)	5×3			
凸件	2	120±5′(6 处)	2.5×6			
	3	R_a3.2(6 处)	0.5×6			

续表

项目	序号	考核要求	配分	自检结果	实测结果	得分
凹件	4	45±0.02	4			
	5	⊥ 0.03 B	3			
	6	≡ 0.06 A	3			
	7	$R_a3.2$(6 处)	0.5×6			
	8	2-ϕ8H7	1.5×2			
	9	10±0.1	2			
	10	36±0.1	6			
	11	≡ 0.2 A	5			
	12	$R_a1.6$(2 处)	2			
配合	13	间隙≤0.04(24 面)	24			
	14	55.4±0.1(6 次)	12			
其他	15	安全文明生产	违者视情节轻重扣 1~10 分			

项目十　开式件镶配

一、工件图(见图 5.36)

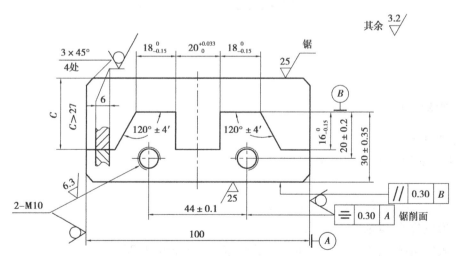

技术要求:
1.以凸件(下)为基准,凹件配作,配合互换间隙
　≤0.05 mm,两侧错位量≤0.06 mm;
2.内角不得开槽、钻孔。

图 5.36

二、训练目标

①掌握锉配时基准的选择,锉配工艺的编制,锉配的修锉方法等;
②保证斜角、直角凹凸配合对称度的方法及有关尺寸链的计算。

三、训前准备

①设备:划线平台、方箱、台式钻床、台虎钳、砂轮机,各种切削液。
②工量具:游标高度尺、游标卡尺、万能角度尺、千分尺、杠杆百分表、刀口尺、M10 丝锥 2 副,直柄麻花钻(φ4 mm、φ8.5 mm、φ12 mm、φ6 mm)、铰杠、常用锉刀、手锯、锤子、划规、划针、样冲、钢直尺等。
③备料:材料 Q235-A,毛坯规格及技术要求如图 5.37 所示,数量 1 件。

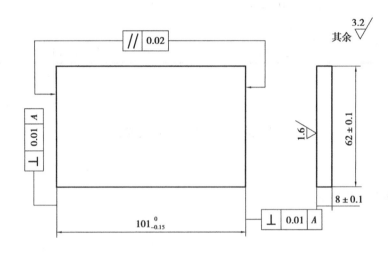

图 5.37

四、训练指导

1.工艺分析

此件为开式镶配件,可以进行试配,根据图纸要求关键是保证斜角及斜角等处的对称要求:

(1)公差等级:锉配 IT8、锯削 IT14、攻螺纹 7H。

(2)形位公差:锯削平行度 0.35 mm。

(3)表面粗糙度:锉配 R_a3.2 μm、攻螺纹 R_a6.3 μm、锯削 R_a25 mm。

(4)配合间隙≤0.05 mm、错位量≤0.06 mm。

(5)确定基本工艺路线如下:

检验毛坯→确定基准并修整→划线→加工基准件(下件)→加工配合件(上件)→锉配→钻孔、铰孔→检查、打字、交工件。

2.操作步骤

步骤一:检验毛坯,了解毛坯误差与加工余量。

清理→检验形位精度→检验尺寸精度→检验表面粗糙度→检验其他缺陷。

步骤二:确定加工基准并对基准进行修整。

★特别提示:要按图样确定基准,并符合基准同一性原则;选作基准的表面必须是精度高而修整余量较小的表面;应以最小的修整余量加工出最精确的基准。

步骤三:划线、钻孔、攻螺纹。

涂料→划线→检查→钻孔→攻螺纹→去除毛刺。

(1)按图样规定在毛坯上划线。

(2)在凸件上钻 2-ϕ8.5 mm 螺纹孔,钻 ϕ4 mm 排料孔,空口倒角。

(3)攻螺纹孔至要求,去除孔口等各部分毛刺。

★特别提示:所有划线尺寸要正确;线条清晰,粗细均匀,长短合适;特别要注意水平方向的尺寸线,应以尺寸 $101_{-0.15}^{0}$ mm 的实际中心线为基准划出;钻 ϕ4 mm 排料孔,孔与孔之间应相切,以方便排料。

步骤四:加工基准件 Ⅰ →凸件(如图 5.38 所示)。

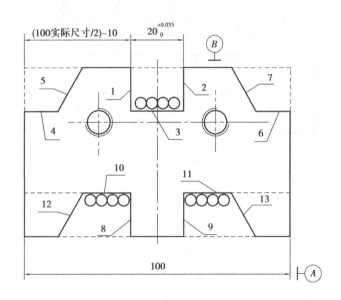

开式镶配加工图

图 5.38

(1)加工 20 mm×16 mm 直角槽和平面 1、2、3:留锉削加工余量 0.5 mm,锯削平面 1、2,用錾子沿排料孔相切处錾切,去除余料;留锉削加工余量 0.10 mm,交替粗、细锉平面 1、2、3;精锉 1 面至要求尺寸(100 mm 实际尺寸/2)−10 mm、垂直度 0.02 mm、表面粗糙度 R_a3.2 μm;精锉平面 2 至要求尺寸 $20_{0}^{+0.033}$ mm、对基准 A 的对称度 0.04 mm、表面粗糙度 R_a3.2 μm 等;精锉平面 3 至要求尺寸 $16_{-0.15}^{0}$ mm、垂直度 0.02 mm、表面粗糙度 R_a3.2 μm 等。

(2)加工斜角 4、5 和 6、7 保证 $18_{-0.15}^{0}$ mm 和 $16_{-0.15}^{0}$ mm,同时保证垂直度 0.02mm、120°±4′、

表面粗糙度 R_a3.2 μm 等。

　　★特别提示：基准件上对称平面的形位误差尽量"对称"，平面 1、2 和平面 5、7 要对称；基准件对称的角度、尺寸误差尽量"一致"，两侧 120°±4′角度和平面 3、4、6 尺寸 $16_{-0.15}^{0}$ mm 要一致。

　　步骤五：加工配合件 Ⅱ→（凹件）（如图 5.38 凹件部分加工顺序）。

　　(1)留锉削余量 0.5 mm，锯削，去除多余材料，检查工件的变形情况并作适当的修整。

　　(2)留锉削加工余量 0.1 mm，交替粗、细锉各平面 8、9、10、11、12、13。

　　(3)留锉配余量，以基准件凸件的尺寸 $20_{0}^{+0.033}$ mm 的实际大小精锉平面 8、9。

　　(4)留锉配余量，以基准件凸件的尺寸 $16_{-0.15}^{0}$ mm 的实际大小精锉两地面 10、11。

　　(5)留锉配余量，精锉 12、13。

　　步骤六：划线、分割、锉配、倒角（如图 5.39 所示）。

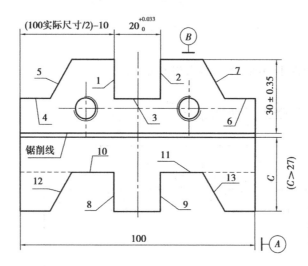

开式镶配划线分割图

图 5.39

　　(1)以凸件基准 B 为基准，划 30±0.35 mm 尺寸线。

　　(2)锯削至要求：尺寸 30±0.35 mm、平行度 0.30 mm、表面粗糙度 R_a25 μm。

　　(3)锉配至要求：配合间隙小于等于 0.05 mm，两侧错位量小于等于 0.06 mm。

　　(4)按图划线，倒 4 处 3×45°角。

　　★特别提示：锉配以凸件为基准，凹件上有余量的平面也可以修锉；翻转锉配凸件和凹件时，要正确判断加工面的加工部位。

　　步骤七：检查修整、打标记、交件。

　　3.注意事项

　　(1)此件凸件部分是基准，120 度角位置尺寸检测比较困难，在加工时可留 0.1 左右的锉配余量以便修整。

　　(2)凹槽部分排料可采用大一些的钻头打排料孔，然后采用修磨的锯条进行锯削排料。

（3）工件外形较大，厚度又较小，因此装夹要衬软钳口。

（4）遵守有关设备的安全操作规程。

4.评分标准

表 5.10

序号	考核内容	考核要求	配分	评分标准	检测结果	扣分	得分
1	锉配	$20^{+0.033}_{0}$ mm	6	超差不得分			
2		$20^{0}_{-0.015}$ mm（2 处）	4	超差不得分			
3		$120°±4'$	6	超差不得分			
4		$16^{0}_{-0.015}$ mm（2 处）	4	超差不得分			
5		表面粗糙度：$R_a 3.2$ μm（18 处）	9	升高一级不得分			
6		配合间隙≤0.05 mm（9 处）	27	超差不得分			
7		错位量≤0.06 mm	4	超差不得分			
8	攻螺纹	$2-\phi10H7$	2	超差不得分			
9		$20±0.2$ mm（2 处）	4	超差不得分			
10		$44±0.1$ mm	7	超差不得分			
11		表面粗糙度：$R_a 6.3$ μm（2 处）	2	升高一级不得分			
12	锯削	$30±0.35$ mm	8	超差不得分			
13		表面粗糙度：$R_a 25$ μm（2 处）	4	升高一级不得分			
14		// 0.30 B	3	超差不得分			
15		安全文明生产		违者视情节轻 重扣 1~10 分			

项目十一   四方体和六角体镶配

一、工件图（见图 5.40、图 5.41、图 5.42）

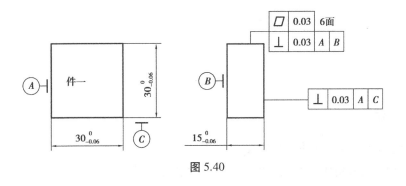

图 5.40

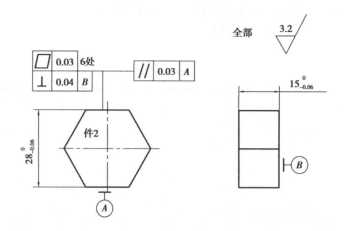

图 5.41

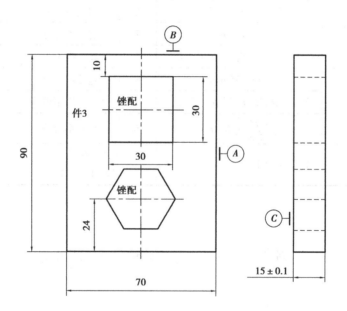

技术要求：
1.转位互换，配合间隙≤0.06；
2.各锐边倒钝。

图 5.42

二、训练目标

①掌握锉配四方体、六角体的方法；

②掌握四方体、六角体锉配精度的误差检验和修正方法。

三、训练准备

①设备:台虎钳、钳台、砂轮机、钻床、划线平板、方箱。

②工量具:高度尺、钢板尺、游标卡尺、千分尺(0~25)(25~50)(50~75)刀口尺、刀口角尺、钻头、錾子、手锯、板锉(粗、中、细)三角锉、方锉、什锦锉。

③材料 HT200:尺寸 90 mm×70 mm×15 mm,38 mm×38 mm×38 mm。

四、训练指导

1.工艺分析

本件主要考查学生对角度工件加工方法,属于全封闭配合件。确定基本加工工艺如下:

检查毛坯→加工外四方体和外六角体→加工内四方体和内六角体→锉配→交检。

2.操作步骤

步骤一:如图 5.43 所示,自制内 90°量角样板与外 120°量角样板。

步骤二:将锉削四方体材料 38 mm×38 mm×38 mm,对半锯削分为件 1 和件 2。

步骤三:按图样要求加工件 1 外四方体的六个面,加工步骤顺序为 a、b、c、d、e(见图 5.44)。

步骤四:按图样要求加工件 2 外六角体,加工步骤顺序为 1、2、3、4、5、6、7(见图 5.45)。

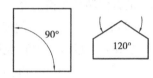

图 5.43

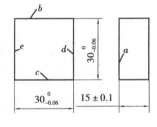

外四方体加工顺序示意图

图 5.44

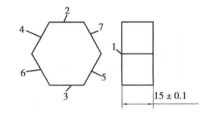

外六角体加工顺序示意图

图 5.45

步骤五:锉配内四方体(见图 5.46)。

(1)修整外形基准面 A、B,使其互相垂直并与大平面垂直。

(2)以 A、B 两面为基准,按图样要求划线,并用加工好的四方体校核所划线条的正确性。

(3)钻排孔,用扁錾沿四周錾去余料(图 5.47),然后用方锉粗锉余量,每边留 0.1~0.2 mm 作为细锉余量。

(4)细锉第一面 b',锉削至接近划线线条,达到平面度,并与 B 面平行及大平面垂直。

(5)细锉第二面 c',达到与 b' 面平行,接近 30 mm 尺寸时,可用外四方体进行试配,应使其较紧塞入,以留有修整余量。

(6)细锉第三面 d',锉削至接近线条,达到平面度,并与大平面垂直,及与 A 面平行。最后用自制角度样板检查修整,达到 $b' \perp d' \perp c'$。

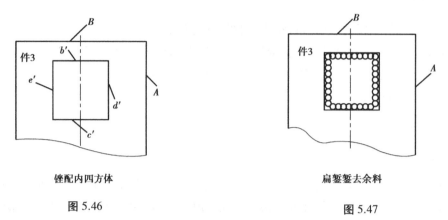

图 5.46 锉配内四方体

图 5.47 扁錾錾去余料

(7)细锉第四面 e',达到与 d' 面平行,用四方体试配,使较紧塞入。

(8)精锉修整各面,即用四方体认向配锉,用透光法检查接触部位,然后逐步达到配合要求。最后作转位互换的修整,达到转位互换要求,用手将四方体推出和推进应无阻滞。

(9)各锐边去毛刺、倒棱并检查配合精度。

步骤六:锉配内六角(见图 5.48)。

(1)按外六角体的实际尺寸,在件 3 划出内六角体加工线,并用外六角体校核。

(2)在内六角体中心扩钻或用排孔去除内六角体大部分加工余量余料(见图 5.49)。

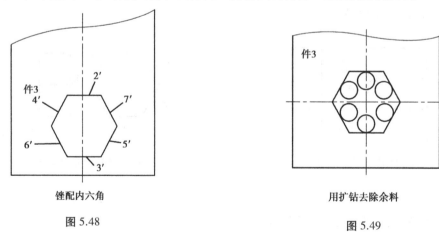

图 5.48 锉配内六角

图 5.49 用扩钻去除余料

(3)粗锉内六角体各面,至接近划线线条,使每边留有 0.1~0.2 mm 余量精锉。用 120°量角样板检查清角,以外六角体做认向整体式配,利用透光和涂色法修整,达到互换配合要求。

(4)对锉配件各棱边去毛刺去复查。

3.注意事项

(1)各内平面要与大平面垂直,防止配合后产生喇叭口间隙。

(2)锉配时,必须认向修整以达到配合精度要求。

(3)试配时,不可用锤子敲击,防止锉配面"咬毛"或将工件"敲毛"。

4.评分标准

表 5.11

工件号		座号		姓名		总得分	
项目	质量检测内容		配分	评分标准	实测结果		得分
成绩评定	外四方体	$30_{-0.06}^{0}$ mm（3 处）	12 分	超差不得分			
		// 0.04（3 处）	9 分	超差不得分			
		⊥ 0.03 A B	4 分	超差不得分			
		⊥ 0.03 A C	4 分	超差不得分			
	外六角体	$32_{-0.06}^{0}$ mm（3 处）	9 分	超差不得分			
		▱ 0.03	7 分	超差不得分			
		// 0.06 A	9 分	超差不得分			
		⊥ 0.04 A	12 分	超差不得分			
	锉配	配合间隙≤0.06 mm	18 分	超差不得分			
		表面粗糙度 R_a 3.2 μm	6 分	升高一级不得分			
	安全文明生产		10 分	违者不得分			
	现场记录						

项目十二　全封闭角度镶配

一、工件图（见图 5.50、图 5.51）

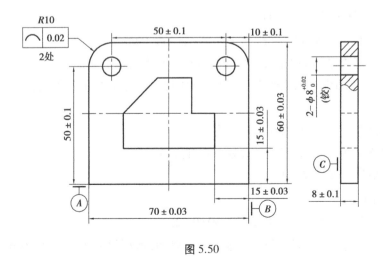

图 5.50

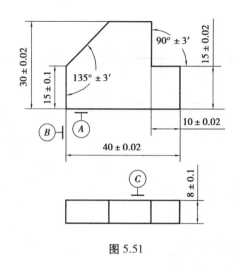

图 5.51

二、训练目标

①熟练圆弧锉削方法。

②掌握全封闭工件的锉配方法。

三、训前准备

①设备:台虎钳、钳台、砂轮机、钻床、划线平板、方箱。

②工量具:高度尺、钢板尺、卡尺、千分尺(0~25)(25~50)(50~75)刀口尺、刀口角尺、半径规、划规、钻头、手锯、板锉(粗、中、细)、方锉、什锦锉。

③材料:Q235,尺寸 71±0.1×0.193±0.1×8 一块。

四、训练指导

1.工艺分析

(1)公差等级:锉配 IT8、钻孔 IT11、铰孔 IT7。

(2)形位公差线轮廓度 0.02 锉配面平面度、垂直度 0.03。

(3)工件主要考查平面和外曲面的锉削技巧,因此确定基本加工工艺如下:

检验毛坯→加工凸件→加工凹件→锉配→锉圆弧→钻、铰孔→检验交件。

2.操作步骤

步骤一:备料 71±0.1×0.193±0.1×8 一块。

步骤二:修整基准面,根据图样要求划出全部线条。

步骤三:锯削将工件分成两块。

步骤四:加工凸件。

(1)锉削外形尺寸,保证尺寸 40±0.02、30±0.02。

(2)锯去右侧多余直角部分,分别锉削底面及侧面,保证尺寸 15±0.02、10±0.02(10±0.02通过间接法控制)。

(3)锯去左侧 135°多余部分,锉削保证 15±0.1 和 135°±3′。

步骤五:加工凹件(加工顺序见图 5.52)。

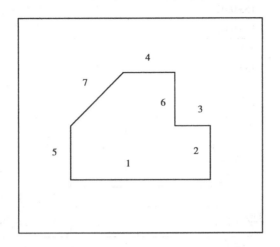

图 5.52　凹件的加工顺序

(1)锉削外形尺寸,保证尺寸 70±0.03、60±0.03。

(2)打排屑孔,去除多余部分,粗锉至接近线条处。

(3)加工 1 面,保证尺寸 15±0.03。

(4)加工 2 面,保证尺寸 15±0.03。

(5)加工 3、4 面,保证凸件较紧塞入。

(6)加工 5 面,保证凸件较紧塞入。

(7)加工 6 面,保证 25 的尺寸。

(8)加工 7 面,保证凸件较紧塞入。

(9)整体修配,达到配合间隙要求。

步骤六:锉削外圆弧,保证线轮廓度要求。

步骤七:钻孔,倒角,铰孔。

步骤八:去毛刺,检查尺寸,打号,交件。

3.注意事项

(1)凸件的加工顺序须注意,必须先加工左侧,然后再加工右侧。

(2)圆弧和平面必须相切。

4.评分标准

表 5.12

序号	考核要求	配分	评分标准	检测结果	得分
1	70±0.03	6	超差不得分		
2	60±0.03	6	超差不得分		
3	40±0.02	6	超差不得分		
4	30±0.02	6	超差不得分		

续表

序号	考核要求	配分	评分标准	检测结果	得分
5	15±0.02	5	超差不得分		
6	10±0.02	3	超差不得分		
7	90°±3′	4	超差不得分		
8	135°±3′	4	超差不得分		
9	15±0.1	2	超差不得分		
10	15±0.03（2 处）	3×3	超差不得分		
11	10±0.1	2	超差不得分		
12	50±0.1（3 处）	3×3	超差不得分		
13	⌒ 0.02	8	超差不得分		
14	2-$\phi 8^{+0.02}_{0}$	2	超差不得分		
15	1.6 ▽（2 处）	2	降一级全扣		
16	3.2 ▽	5	降一级全扣		
17	配合间隙≤0.05（3×7）	3	超差不得分		
18	安全文明生产		视情节轻重扣分		

项目十三 手锤制作

一、工件图（见图 5.53）

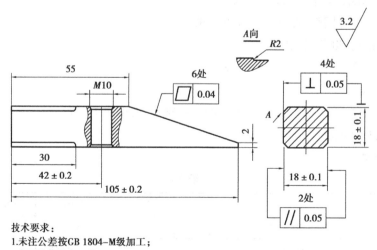

技术要求：
1.未注公差按GB 1804-M级加工；
2.各面锉纹整齐一致；
3.各棱角清晰。

图 5.53

二、训练目标

①熟练斜面锯削和锉削技能；
②掌握钻孔、锪孔、攻丝操作技能。

三、训前准备

①设备：台虎钳、台钻。
②工、量具：钳工锉、整形锉、高度尺、钢板尺、划针、钻头、丝锥、铰杠、锯弓、手用锯条、样冲、游标卡尺、直角尺、刀口尺等。
③材料：45 钢、毛坯大小（见图 5.54）。

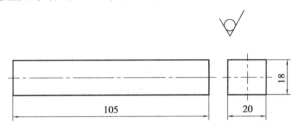

图 5.54

四、训练指导

1.工艺分析

任何零件加工方法并不是唯一的，有多种方法可以选择。但为了便于加工，方便测量，保证加工质量，同时减少劳动强度，缩短时间周期，特列举下面的加工路线：

检查毛坯→分别加工第一、二、三面→加工端面→锯斜面→加工第四面→加工总长→加工斜面→加工倒角→钻孔、攻丝→精度复检→锐角倒钝并去毛刺（见图 5.55）。

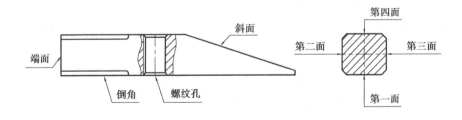

图 5.55

2.操作步骤

（1）检查毛坯尺寸大小、形状误差，确定加工余量。

（2）加工第一面，达到平面度 0.04 mm、粗糙度 R_a3.2 要求。

（3）加工第二面，达到垂直度 0.05 mm、平面度 0.04 mm、粗糙度 R_a3.2 要求。

（4）加工第三面，并保证尺寸 18±0.1 mm、平行度 0.15 mm，同时达到垂直度 0.05 mm、平面度 0.04 mm、粗糙度 R_a3.2 要求。

（5）加工端面并与第一、二面垂直，且垂直度<0.05 mm、平面度<0.04 mm。

（6）以端面和第一面为基准划出锤头外型的加工界线，并用锯削方法去除多余余量（如图 5.56）。

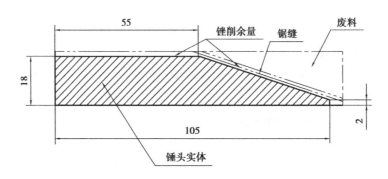

图 5.56

（7）加工第四面，并保证尺寸 18±0.1 mm、平行度 0.15 mm，同时达到垂直度 0.05 mm、平面度 0.04 mm、粗糙度 R_a3.2 要求。

（8）加工总长保证尺寸 105±0.2 mm。

（9）加工斜面，并达到尺寸 55 mm、2 mm，还要保证垂直度、平面度 0.04 mm 及粗糙度 3.2 要求。

（10）按图样要求划出 4-2×45°倒角和 4-R2 的加工界线，先用圆锉加工出 R2，后用板锉加工出 2×45°倒角，并连接圆滑。

（11）按图样要求划出螺纹孔的加工位置线（如图 5.57），钻孔 ϕ8.5、孔口倒角 1.5×45°，再攻丝 M10。具体操作方法如下步骤：

1）划线敲样冲，检查样冲眼是否敲正。

2）钻 ϕ3 深 2 的定位孔，检查孔距是否达到要求。

3）钻孔 ϕ8.5、孔口倒角 1.5×45°。

4）攻丝 M10 螺纹孔，为了保证丝锥中心线与孔中心线重合，攻丝前可在钻床上先起丝，再攻丝。

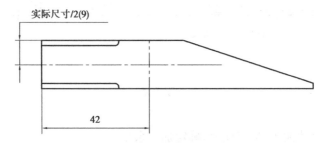

图 5.57

（12）全部精度复检，作必要的修整锉削，并去毛刺锐角倒钝。

3.评分标准

表 5.13

序号	考核要求	配分	评分标准	检测结果	得分
1	18±0.1(两处)	10	超差不得分		
2	105±0.2	5	超差不得分		
3	55	2	超差不得分		
4	30	2	超差不得分		
5	42±0.2	5	超差不得分		
6	2	2	超差不得分		
7	M10 正确	2	超差不得分		
8	▱ 0.04 (6 处)	24	超差不得分		
9	⊥ 0.05 (4 处)	24	超差不得分		
10	∥ 0.05 (2 处)	12	超差不得分		
11	锉纹整齐一致(6 处)	6	超差不得分		
12	$R2$ 连接圆滑,无塌角(4 处)	4	降一级全扣		
13	安全文明生产		视情节轻重扣分		

参考文献

[1] 陈宏钧.实用钳工手册[M].北京:机械工业出版社,2009.

[2] 张成方.钳工基本技能[M].北京:中国劳动社会保障出版社,2005.

[3] 殷铖,王明哲.模具钳工技术与实训[M].北京:机械工业出版社,2005.

[4] 王永明.钳工基本技能[M].北京:金盾出版社,2007.

[5] 彭敏.钳工基本技能[M].北京:机械工业出版社,2013.

[6] 黄涛勋.钳工技能[M].北京:机械工业出版社,2007.

[7] 吴清.钳工基础技术[M].北京:清华大学出版社,2013.

[8] 高钟秀.钳工技术[M].北京:金盾出版社,2007.

[9] 程长海.钳工工艺[M].北京:中国劳动社会保障出版社,2007.

[10] 邱言龙.钳工实用技术手册[M].北京:中国电力出版社,2007.

[11] 汪哲能.钳工工艺与技能训练[M].北京:机械工业出版社,2008.

[12] 陈刚,刘新灵.钳工基础[M].北京:化学工业出版社,2014.

[13] 同长虹.钳工技能培训[M].北京:机械工业出版社,2009.

[14] 张应龙.钳工识图[M].北京:化学工业出版社,2009.

[15] 朱江峰,姜英.钳工技能训练[M].北京:北京理工大学出版社,2010.

[16] 王德洪.钳工技能实训[M].北京:人民邮电出版社,2010.

[17] 陈秀华.钳工实习[M].北京:机械工业出版社,2010.